スマホ廃人

石川結貴

文春新書

1126

はじめに

二〇一六年、神奈川県横須賀市や千葉県柏市などの自治体で、スマートフォン（以下スマホ）を使った「母子健康アプリ」の提供がはじまった。従来の母子手帳（母子健康手帳）の電子版だ。

妊娠から出産、育児の様子や子どもの成長、予防接種といった記録をスマホで一元管理する。たとえば胎児のエコー写真や出産時の動画を保存してアルバムを作成したり、家族で共有できたりする。生まれた子どもの身長や体重を記録すると自動的にグラフ化され、成長の様子が一目でわかる。

行政からは予防接種や乳幼児健診の案内が定期的に通知され、離乳食の簡単調理法や地域の子育てサークルの紹介など、さまざまな情報提供がスマホを介して行われる。

各種の育児相談にＡＩ＝人工知能を活用する動きもある。二〇一七年度中の実用化を目指し、神奈川県川崎市と静岡県掛川市で試用されたが、ここでもスマホが主役だ。

母親が、〈赤ちゃんの夜泣きに困っています。どうしたら泣き止んでくれるでしょうか〉

てくれる。

と入力すると、人工知能が、〈夜泣きは成長の過程で起きることです〉などと「回答」し

いずれも子育て中の親を支援する目的だと広報されており、今後導入する自治体の増加が見込まれている。

母子健康アプリや人工知能対応の導入で、確かに利便性は向上するだろう。妊娠や出産という人生の一大事に関わる記録をしっかり残せるし、わざわざ役所の窓口に出向かなくてもスマホで気軽に相談できる。行政が「市民のため」とアピールし、利用する親たちが「便利で簡単」と喜ぶのも当然の流れかもしれない。

だが、本来意図した目的が想定外の事態を招くこともある。たとえばＬＩＮＥ（ライン）で起きたことを考えてほしい。

ＬＩＮＥとは、ＬＩＮＥ株式会社（以下ＬＩＮＥ社）が提供する無料通信アプリ。電話、ビデオ通話、「トーク」と呼ばれるチャット（文字での会話）、スタンプ（感情や状況を表現するイラスト）の送受信、写真の投稿、ゲーム、音楽など多彩な利用方法がある。

国内の登録者数は六八〇〇万人（二〇一六年一月ＬＩＮＥ社調べ）。二〇一四年には、全世界での一日当たりのトーク送受信数が一〇〇億件に達するなど、コミュニケーションア

プリ（会話やメッセージ交換を楽しむアプリケーション）の代表格と言える存在だ。

LINEの最大の特徴は、トークだろう。利用者同士が互いを「友達」と認定すると、双方で多彩なメッセージ交換ができる。たとえば親友と二人だけで秘密の会話をしたり、複数のメンバーで「グループ」を作って内輪話に盛り上がったり、スタンプを送信したり、写真や地図を表示したりと、さまざまな方法でコミュニケーションを密にできる。

トークには、「既読」という機能が付帯している。AさんがBさんに「おはよう」というメッセージを送ったとして、これをBさんが読むと、Aさん側のトーク画面に「既読」の文字が自動的に表示される。つまりAさんは、Bさんからの返事を待たずして、相手が自分のメッセージを読んだことがわかる。

既読は、LINE社にとって実は大きな意味を持っている。二〇一一年三月十一日に発生した東日本大震災との関連だ。

甚大な被害をもたらし、多くの人々を混乱に陥れた大災害の記憶は、私たちにとって忘れられるものではない。地震と津波に襲われた東北から関東にかけての広い地域、原発のメルトダウンで強制避難を強いられた福島県の人々、帰宅困難者であふれかえった首都圏など、未曾有の、そしてあまりにも衝撃的な災害だった。

当時、ＬＩＮＥはまだ運用前の段階だった。したがって利用者は誰ひとりいない。電話が通じず、大混乱の中で互いの安否確認に追われる人々の姿に、ＬＩＮＥ社の前身であるＮＨＮ Ｊａｐａｎ株式会社は急きょ動き出す。開発中のアプリに、ひとつの機能を追加した。それが既読である。

ＬＩＮＥ社の公式ブログには、既読に関する経緯が次のように記載されている。

ＬＩＮＥは、２０１１年３月の東日本大震災発生時にはまだこの世に存在していませんでした。

まさに開発途中だったので、社員一同、「こういうときにこそ、大切な人と連絡を取ることができるサービスが必要だ」と強く感じ、３ヵ月後の６月にＬＩＮＥを誕生させました。

ＬＩＮＥは、電話回線がつながらなくても、インターネット回線がつながる環境であれば利用できます。

また、「既読」マークは、相手が緊急事態で返信すらできなくてもメッセージを読んだことが伝わるように、と付けた機能です。

大事なときの〝ホットライン〟としても使えるように、という想いを込めて、「LINE」はできあがりました。

記載のとおり、東日本大震災から三ヵ月後の二〇一一年六月二三日、LINEは「既読」機能を付帯して登場する。この機能を人々の生活に役立てたい、既読によって救われる人がたくさんいるはずだ、そんな予想が立てられたことは想像に難くない。なによりも、LINEという名称、現社名がそれを物語っている。LINEは「ホットライン」、つまり大切な人や親しい人同士がつながれますように、そんな思いが込められて名付けられたからだ。

むろん、既読をはじめとした便利な機能の恩恵を、多くの人が受けているだろう。だが一方で、既読やトークでのやりとりを巡りさまざまなトラブルも発生してしまった。

「既読スルー」や「既読無視」といった言葉が登場し、いじめや仲間はずれ、誹謗中傷、集団無視などに苦しむ人々、とりわけ子どもの人間関係には多大な影響を与えている。

ちなみに、「既読スルー」、「既読無視」とは、受け取ったメッセージを読んだ（既読した）にもかかわらず、相手に返信しないことを指す。送信者側にすると、「自分が送ったメッセージを読んでいるのに相手が返信してこない＝自分を無視している」という解釈になり得る。

あるいは、「相手に嫌われてしまったのではないか」、「今後も既読無視されてしまったらどうしよう」、「自分のメッセージを読んだのに何の反応もしないとは許せない」、そんなふうに不安や怒りの感情が生じかねない。

実際、既読やトークでのやりとりに端を発し、自殺や殺人など重大な結末に至ったケースが生じている。そこまでの事態に至らなくても、既読やトークをめぐる双方の関係性は、中高校生などを中心に過敏な反応を引き起こした。

すぐに返信するのが暗黙のルール、場合によっては「義務」にまでなっている。うっかり既読スルーするとグループ内でハブられ、逆に自分が送るメッセージをことごとく無視されたりもする。ちなみに、ハブられるとは仲間はずれになるという意味で、「省く」が語源である。

本来楽しいはずのやりとりで緊張を強いられ、「空気」を読んだり、浮かないように気を遣ったり、既読スルーを恐れるあまり常にスマホを手放せなくなる、こんな状況に陥ってしまう。

災害時の安否確認に役立たせたい、大切な人や親しい人同士がつながるホットラインになりますように、そんな思いから作られたLINEは想定外の事態に直面した。右肩上がりの急成長、大幅な利用者増とともに、深刻な問題もまた生まれてしまったのだ。


言うまでもなく、こうした現実はLINEに限った話ではない。スマホという機械、各種の機能や次々と開発されるアプリを使うのは私たち人間だ。一方でスマホは、従来の生活形態や人間関係を大きく変えるほどの影響力を持ちながら、その歴史ははじまったばかりである。

米アップル社が開発したiPhoneの国内販売がはじまったのは二〇〇八年七月。二代目機種、iPhone3Gをソフトバンクモバイルが販売した。翌年にはNTTドコモやauからAndroid搭載スマホが売り出されたが、一般の人々の利用度はまだ低かった。

おサイフケータイ、ワンセグ、絵文字や着うたといった独自機能を搭載したガラパゴス携帯電話、略して「ガラケー」が市場を席巻していた日本では、世界標準のスマホへの切り替えが遅れたと言われている。

キャリア最大手のNTTドコモがiPhone（iPhone5s／iPhone5c）の販売をはじめたのは二〇一三年九月。内閣府の『消費動向調査』によると、スマホの世帯普及率（六七・四％）がガラケーを上回ったのは二〇一五年度だ。私たちの生活にスマホが浸透したのは、ここ数年の話と言える。

押し寄せる進化と変化に対し、多くの人は息つく間もなく、ほとんど無防備に向き合っている。私たちはスマホとともに、この先どこへ向かうのか。果たしてそこに、想定外の事態が待ってはいないだろうか。

スマホ廃人◎目次

第3章　すきま時間を埋めたくなる心理　

第4章　エンドレスに飲み込まれる人々　149

第5章 「廃」への道 183

第1章　子育ての異変

授乳アプリに管理される母親

東京都中央区。ファミリー層に人気のベイエリアには、真新しい外観の高層マンションが立ち並ぶ。見晴らしのいい一〇階の部屋で、三七歳の母親は着ていたTシャツをおもむろにたくし上げた。昼寝から目覚めた生後七ヵ月の長女に授乳をするのだ。

ふくらんだ乳首に赤ちゃんが吸いついた途端、彼女は手にしたスマホのアプリを起動させた。画面にストップウォッチのような時間表示が現れ、秒数、分数が刻まれていく。使われているのは、「授乳アプリ」だ。右胸、左胸、それぞれの乳房から子どもに授乳した時間を記録する。

母乳は、子どもがどれくらいの量を飲んだのか、目で見ることができない。そのため授乳アプリで与えた時間や回数を計測し、「母乳が足りているか」、あるいは逆に「飲ませすぎていないか」、一回ごとの記録をもとに確認する。

母乳に粉ミルクや離乳食を足せば、その分量や回数も記録する。オシッコやウンチの頻度、お昼寝の時間などもその都度スマホに打ち込んでいく。こんなふうに日々の育児状況が、スマホで一元管理されるのだ。

母親は授乳アプリを使う理由をこう話した。

「はじめての子育てでわからないことや不安なことも多いし、授乳の回数や離乳食の量を記録できるのはとても便利だと思います。特に母乳に関しては、本当に足りているのか心配な面もあるので、毎日のデータが簡単に残せるのは助かりますね」

一方で、スマホによって管理される子育てに戸惑いも感じるという。母乳を飲む我が子の表情よりもスマホ画面に表示される授乳時間のほうが気になり、どうにも落ち着かない。毎回の計測で表示される数字の増減にも、つい過敏に反応してしまう。

おまけに、授乳やオムツ替えの記録をうっかり忘れると、アプリからこんな通知が届く。

〈授乳は赤ちゃんの成長に関わる大切なこと。記録に残そうね〉

〈オムツはいつ替えた？　健康管理は大事だよ。記録に残そう〉

〈体重が増えたなど些細なことでもメモしてみよう〉

「とにかく記録を迫られるので、結構なプレッシャーになります。現実に子育てをしているとうまくいかないことがたくさんあるし、いつもアプリの指示どおりというわけにもいきません。個人的にはなるべく振り回されないように気をつけていますが、掲示板を見るとほかのママたちはすごく熱心です。みんなここまでがんばるのか、と驚くことも多いですよ」

彼女が言う「掲示板」とはアプリに付帯した機能で、利用者同士がインターネットを介して情報交換する広場のようなものだ。なにしろ授乳アプリだから、利用者は赤ちゃんを育てる母親ばかり。互いに共通項が多いため、日々の育児や相談事、ママ友づくりなどの話題で盛り上がる。

ある母親は、〈子どもの体重が平均値以下です。授乳回数に問題はないと思うのですが、不安になります〉という悩みを書き込んでいた。こうした悩みに対し、別の母親たちが掲示板上でアドバイスを送る。

自分の体験談を綴った長文のコメント、さまざまな育児法を紹介するクチコミ情報も多い。先の彼女が「すごく熱心」と言うとおりだが、延々とつづくメッセージ交換からは、母親たちがずっとスマホを操作している様子が垣間見える。

一〇〇万の「赤ちゃんマーケット」が生み出される

私は長年、家族や教育問題をテーマに取材してきた。二人の息子を持つ母親でもあるため、生活者としての目線を大切にしながら数多くの現場に関わった。

一〇年ほど前からはインターネットに関連する問題、特に家庭や学校内での実態を追っている。ネトゲ（ネットゲーム）にのめりこんで生活を破たんさせる主婦、陰湿なネットいじめに苦しむ子ども、SNS（ソーシャル・ネットワーキング・サービス）で「つながり依存」に陥る若者――。さまざまな現場に関わりながら、この数年、あらたな問題に胸がざわつく。スマホが子育てや教育、ひいては私たちの社会生活を根本から変えてしまうのではないか、という危惧だ。

スマホの国内契約数は、二〇一六年度末で九五〇〇万件に達すると予測されている。アプリストアの売り上げは二〇一一年度の四四〇億円から一六年度予測が五一七〇億円と、わずか五年で一二倍増。スマホコンテンツ市場も同八三六億円から七七〇七億円と急増が見込まれている。

活況の中、特に注目を集めているのが育児・知育関連の市場だ。少子化が深刻な社会問題とされる日本だが、一方で年間約一〇〇万人の出生数がある。言い換えれば、毎年一〇〇万もの「赤ちゃんマーケット」が生み出される。

子どもの誕生という人生の一大事に、多くの親は期待と喜びを抱くだろう。情報収集を欠かさず、各種のマタニティグッズやベビー用品を次々と購入する。なにしろ出産や育児にはシックスポケッツ、つまり両親と父方、母方の祖父母、合わせて六人のサイフがそろう場合も少なくない。少子化だからこそ、子どもや子育ての価値は高まるのだ。

ひとりの子どもの出生で、妊娠から出産、育児、知育、教育、家族イベントなどをターゲットにしたスマホビジネスが次々と展開する。たとえば妊娠なら、子作りのタイミングを計算できる「妊活アプリ」や、妊娠期を記録する「マタニティアプリ」が人気だ。

マタニティアプリに出産予定日を入力すると、胎児の成長具合がイラストで表示され、〈そろそろ胎動を感じられるようになります〉といったメッセージが届く。夫婦でスマホを同期すれば常に情報を共有できる上、互いの日記やコメントの交換、夫向けのアドバイスなど豊富な内容で妊娠期をサポートしてもらえる。

こんなふうに子どもの誕生前からスマホでの情報管理が行われる。実際に誕生してからは、より多くのアプリやコンテンツが子育てに関わってくる。授乳アプリもそのひとつだが、ほかにも多種多様な機能が目白押しだ。

子どもの写真を撮影し、気軽に育児日記やアルバム作成ができるアプリ。赤ちゃんの健康や病歴を管理するアプリ。遠方の家族と情報を共有できる家族専用SNSアプリ。子連れ外出時の休憩場所や安全な交通ルートを調べられるアプリ。育児用品などを格安で購入できるオークションアプリ――。

鬼が叱りつけるアプリが大人気

なかでも話題となったのが、メディアアクティブ社が提供する『おにから電話』だ。子どもが言うことを聞かないとき、鬼から電話がかかってきて、「叱ってくれる」というアプリである。

スマホが鳴り、電話に出ると鬼や魔女、お化けなどあらかじめ設定したキャラクターが現れる。たとえば鬼なら、怖い顔と荒々しい声で子どもを脅すようなセリフを吐く。昔から子どもをしつける際、「言うこと聞かないと鬼が来るよ」などと言ったものだが、それをスマホで実現できるという仕組みだ。

このアプリはネット上でクチコミが広がり、シリーズの累計ダウンロード数が一〇〇〇万を超える大ヒットとなった。子育て中の母親たちが集うコミュニティサイトでは、〈うちの子が一瞬で泣き止んだ。効果絶大！〉、〈子どものわがままで困ったときの最強アプリ〉といった声が寄せられ、実際の子どもの反応を紹介した画像が投稿されている。

ある動画は、母親と子どもの食事中の風景を映し出していた。子どもは三歳くらいだろうか、幼児用イスに座り、小さな手にフォークを握っている。

食卓の上には母親が作ったと思われるパスタがあった。タマネギやニンジン、ピーマンなどの野菜入りだ。子どもは野菜が苦手のようで、「ニンジンはやだ、ピーマンはいらない」などとたどたどしく話している。

すると母親がスマホを取り出し、『おにから電話』を起動させた。画面いっぱいに鬼が現れ、恐ろしい形相で子どもを叱りつける。「こらぁっ！　言うこときかないのは誰だ！食っちゃうぞーっ！」

あまりの迫力に子どもは目を見開き、次の瞬間、「うわぁーっ」と大きな泣き声を上げた。それでも体をふるわせながら猛然と野菜を口に運び、一気にパスタを完食する。

食べ終わった皿の向こうに茫然とした子どもの顔が映る中、母親の満足そうな声が混じった。「やったー、全部食べました。大成功！」

こうしたアプリの効果がどれほどあるのか、個々の利用状況に違いがあるだろうから一概に言うのはむずかしい。ユーザーのレビューコメントでも、〈鬼が怖すぎて子どものトラウマになりそう。利用する人は注意して〉という慎重な意見や、〈ここまでやるのは虐待ではないか〉などの批判もある。

一方で、『おにから電話』に代表されるようなアプリは、「しつけサポート」という名目で次々と提供されているのが実情だ。あくまでも「しつけ」だから、叱るだけでなく「ほめる」バージョンもある。たとえば子どもがひとりで着替えをしたら、〈着替えができたね、えらいよ！〉などとメッセージが届き、スマホの画面上でかわいいキャラクターが拍手してくれたりする。

挨拶、歯磨き、着替え、言葉遣い、おもちゃや絵本の片付け、食べ物の好き嫌いをしない、姿勢をよくする、お友達と仲良く遊ぶ……、幼い子の日常にはさまざまなしつけが必要で、それらがうまくいかないと悩む親も多い。

日々必要に迫られるからこそ、『おにから電話』のようなアプリには手堅い需要がある。おまけに母親のみならず、父親や祖父母など幅広い利用者が期待できる。

しつけだけでなく、現実の子育て状況に応じた「サポート」をしてくれるアプリも豊富だ。前述したように行政が主導する形で母子手帳の電子版・母子健康アプリの提供がはじまり、人工知能が育児の悩みに回答してくれるシステムも試行中だ。

子どもの成長を記録したり、気軽に相談ができるような機能に加え、育児のさまざまな場面で役立つアプリの人気も高い。たとえば「寝かしつけ用」では、乳幼児の睡眠を促進する音楽や映像が流れる。かつてのように、親が「ねんねこよー」と子守唄を歌わなくても、代わりにスマホがリラクゼーション効果のある音を出してくれる。「トイレットトレーニング」と呼ばれるオムツはずしでも、排泄の方法を教えるアプリがある。アプリ内のキャラクターが踊ったり、歌ったりして、子どもをトイレに誘導してくれる。

こんなふうにスマホが代役となれば親の負担やストレスが減り、それがすなわち「サポート」となるわけだ。親を助けている、楽にしているというメリットが強調され、市場はますます活況化していく。

スマホと子どもは親和性が高い

スマホが役立つのは、日々の情報収集やしつけにとどまらない。子どもを遊ばせたり、静かにさせたりする際にも、さまざまなアプリが使われている。

幼児向けの動画やゲーム、塗り絵やお絵描き、音の出る絵本やマンガ、おままごとやお店屋さんごっこなど、夢中にさせるような仕掛けがたくさんある。かわいいキャラクター、クイズやプレゼント、変身や冒険といったふうに興味や好奇心をかきたてるのだ。

そもそもスマホは、幼い子どもに親和性が高いと言われている。生まれて間もない赤ちゃんの手のひらに指を押し当てるとギュッと握り返してくるが、これは「把握反射」と呼ばれる本能のひとつだ。

原始的な反応は成長とともに消えていくが、今度は外界への興味や関心からモノを握る、つかむ、指で押す、さわるといった行動が出てくる。幼児がボタンやネジを指先でさわったり、食べ物に指を押しつけたりするのは自然な発達過程だが、こうした動きはスマホの操作にピッタリだ。

取材の際にも、「教えていないのに、子どもがスマホ操作をすぐに覚えた」とか、「ひとりでどんどん使っている」といった声がたくさん上がるが、要はスマホを与えさえすれば幼児はたやすくおもちゃ代わりにしてしまう。

ＭＭＤ研究所が乳幼児を持つ二〇代～四〇代の母親（五五八人）を対象に実施した『２０１５年乳幼児のスマートフォン利用に関する実態調査』（二〇一五年一月）によると、〇歳～五歳のスマートフォン接触率は五八・八％に達した。

このうち、「子どもひとりでは遊ばせないが、一緒にいるときはさわらせている」との回答が三七・五％、「子どもひとりでも遊ばせている」という母親が二一・三％である。接触頻度についての回答では、「ほぼ毎日」が二六・五％、「週に二〜三回程度」が三五・一％と、約六割の家庭でスマホ利用が常態化していた。

毎日スマホに接している二歳児は二二％

注目したいのは、親にとって「スマートフォンが子育てにどんな役割を果たしているか」（複数回答）についてだ。もっとも多かったのは、「育児・子育てについての情報収集ができる」の五六・八％だが、次いで「静かにさせるため」が三三・九％、「一緒に遊ぶため」も二五・六％である。

母親がスマホを使う家庭では、子どもの利用率も高くなるという調査報告もある。ベネッセ教育総合研究所が〇歳〜六歳の子どもを持つ母親（三二三四人）を対象に行った第一回『乳幼児の親子のメディア活用調査報告書』（二〇一四年三月）では、「一週間、ほとんど毎日スマホと接する」という二歳児が二二・一％に達している。

利用状況（表1）を見ると、〇歳児では「子どもがさわぐとき」が多いが、一歳児以降は「子どもが使いたがるとき」のほうが上回る。つまり、幼い子がスマホ利用の主体とな

表１　メディアを使うとき（子どもの年齢別）

（%）

	0歳後半	1歳	2歳	3歳	4歳	5歳	6歳
タブレット端末	(164)	(143)	(130)	(145)	(130)	(123)	(111)
子どもがさわぐとき	7.3	14.0	18.5	16.6	19.2	14.6	18.0
子どもが使いたがるとき	4.9	18.2	35.4	39.3	40.0	38.2	30.6
スマートフォン	(398)	(333)	(258)	(259)	(257)	(241)	(209)
子どもがさわぐとき	10.3	23.4	26.0	22.8	21.4	22.4	15.8
子どもが使いたがるとき	5.3	30.0	42.6	43.6	38.9	40.2	39.2

注1）網かけは、「子どもがさわぐとき」と「子どもが使いたがるとき」で５ポイント以上差があるもの。

注2）タブレット端末は家族がもっている場合の数値。スマートフォンは母親が使っている場合の数値。

注3）（　）内はサンプル数。

出典：第１回『乳幼児の親子のメディア活用調査報告書』（ベネッセ教育総合研究所）

るわけだ。

こうした調査結果からは、乳幼児にスマホを与えることで静かにさせたり、遊ばせたりする家庭の様子が浮かび上がる。加えて母親自身も情報の収集や発信、ママ友とのコミュニケーションなどに使うとなれば、一日の相当な時間がスマホに費やされることになるだろう。では、実際にスマホ育児をする母親たちはどう感じているのだろうか。

まわりの迷惑にならないために

埼玉県所沢市に住む主婦（三二歳）は、「スマホなしの育児は考えられない」と話す。子どもは二歳と三歳の女の子、年子の育児に追われる上、反抗期真っ盛りの長女に手を焼いている。

外出時、家事の間、自分がパソコンを使っているときなどは、ほとんどスマホ頼みになっているという。

「たとえば車で外出するときには、娘たちをチャイルドシートに座らせなくてはなりません。二人そろっておとなしくしていることはめったにないので、どうしてもスマホが必要ですね。アニメ動画を見せたり、動物の育成ゲームなんかをさせてますが、すごく集中してくれるので助かってます」

外出先でもスマホは必須アイテムだ。特に病院や役所などの公共の場所では、子どもが騒いで周囲の迷惑にならないようにと必ず使わせている。スーパーで買い物をする際、「お菓子が欲しいー!」などと駄々をこねる娘たちに対し、お気に入りのゲームをさせて落ち着かせることもある。

家事の間もスマホを与えておけば安心だ。子どもがおとなしく座っているうちに揚げ物をしたり、食器を洗ったり、ベランダで洗濯物を干したりできる。単に家のことが片付くという話ではなく、子どもが調理器具にさわってヤケドをするような危険も防止できるから「一石二鳥」だと笑う。

「世間では、スマホなんかに頼って子育てして、と批判もあるでしょう。でもそれは、今の子育てを知らない人の考えだと思いますね。以前から子どもをおとなしくさせるのに、テレビを見せたり、お菓子を食べさせたりしたでしょう？　そういう形がスマホに替わっただけの話です。現実に役に立っているし、子どもも喜んでいる。私のストレスだって減るから、結果的には子育てがうまくいくことになるんじゃないでしょうか」

子育て中の母親たちに接すると、彼女のような意見が少なくない。「周囲の迷惑にならないように」とか、「家事をするため」とか、「子どもが喜んでいる」といった理由でスマホを使わせているというのだ。

「タダで使えるおもちゃ箱」のようなメリット

三歳の男の子を育てる神奈川県川崎市の主婦（三〇歳）は、一家で夫の実家に帰省した際のエピソードを語ってくれた。嫁という立場上、実家に滞在中は何かと気を遣う。慣れない環境のせいか子どもも落ち着かず、いつも以上に駄々をこねたり、寝つきが悪かったりした。なんとか子どもの機嫌を良くしようとスマホでゲームをさせていると、義父母からきつく説教されたという。

「母親のくせに子どもをほったらかしにしていると言うんです。スマホで遊ばせたりして何を考えてる、親としてなってない、と怒られました。古い感覚の人はスマホを目の敵にするけど、じゃあ昔の人は子どもをほったらかしにしてなかったのか、と逆に聞きたいですね」

子どもにスマホを使わせているからといって、そもそも「ほったらかしにしているわけではない」とも強調する。ゲームだったら親子で一緒に遊べるし、パズルやクイズは知育に役立つと感じている。子どもは「あれ何？　これはどうして？」としばしば聞いてくるが、スマホで情報収集すれば正しい答えを与えられる。

「ママ友同士でも子どものスマホ利用を話題にすることがありますが、私の周囲ではみんな肯定派です。いつでもどこでも使えるし、子どもの反応もいい。なんといってもお金と手間がかからないことが大きいです。クレヨンやノート、おもちゃ、絵本、そういうものを買わなくてもスマホだけあればいろんな遊びができます。しかも新作がどんどん出るので、飽きっぽい子どもにはピッタリだと思います。ちょっと遊ばせてまた次、今度はこれを試そうってできるから、タダで使えるおもちゃ箱を持ってるようなものですよ」

彼女が語るような「メリット」も、母親たちからしばしば上がる。育児・知育関連アプリの多くは無料、おまけに課金（利用中にアイテムやグッズを有料で購入すること）が必要ないものがたくさんある。スマホ本体の購入費と定額の通信料だけで豊富な遊びが楽しめるのは、子育て家庭にとって恩恵だ。

だが、いつでもどこでも、そして無料で使えることは必ずしもメリットばかりではない。スマホを使いすぎる、やめられない、依存してしまう、そんな問題が生じたとき子育てはいったいどうなるのだろうか。

日本小児科医会が「待った！」をかけた

全国の小児科医で作る団体・一般社団法人日本小児科医会は、二〇一三年に『スマホに子守りをさせないで！』というポスターを作成した。赤ちゃんをあやすためにスマホを向けたり、片手でベビーカーを押しながらもう一方の手でスマホを操作する親のイラストとともに、次のような文言を掲載している。

・ムズかる赤ちゃんに、子育てアプリの画面で応えることは、赤ちゃんの育ちをゆがめる可能性があります。

・親も子どももメディア機器接触時間のコントロールが大事です。親子の会話や体験を共有する時間が奪われてしまいます。
・親がスマホに夢中で、赤ちゃんの興味・関心を無視しています。赤ちゃんの安全に気配りが出来ていません。

このポスターは発表と同時に話題になり、新聞やネットニュースでも大きく取り上げられた。同会の内海裕美常任理事は当時、ポスター作製の意図についてこんなコメントを出している。
「乳幼児期は脳や体が発達する大切な時期。子供がぐずるとスマホを与えて静かにさせる親がよくいるが、乳幼児にスマホを見せていては、親が子供の反応を見ながらあやす心の交流が減ってしまう」(二〇一三年十一月十六日付読売新聞夕刊)
小児科医ならではの率直な言葉だろうが、こうした警鐘に対しネット上では賛否両論が巻き起こった。とりわけ子育て中の親からは、「上から目線で言われても困る」とか、「エビデンスがないのに断定しないでほしい」といった否定的意見が相次いだ。
エビデンスとは証拠や根拠という意味で、たとえば医学の分野では長年の研究やデータ蓄積により科学的に証明されていることを指す。

スマホは新しい機器であり、子育てに利用されるようになったのはここ数年だ。「子守り」をさせたり、親子の交流が減ることで具体的にどんな影響があるのか、現時点でスマホに関連付けて証明するのはむずかしい。親たちの反発にも一理あるだろうし、将来的にスマホ育児のすばらしさ、科学的効果が証明されないとも限らない。

世界一短い日本の赤ちゃんの睡眠時間

だが、現場の小児科医からは懸念を示す声が多いのも事実だ。東京ベイ・浦安市川医療センターの小児科医・神山潤医師は、「スマホを利用することで生活スタイルが変わり、夜更かしや睡眠不足を招けば、それが子どもの発達に影響を与えることは十分考えられる」と話す。

神山医師は睡眠研究の第一人者で、睡眠障害に陥った子どもの診察をつづけてきた。長年の研究と臨床経験から、スマホ育児や子どもとスマホとの関わりに少なからず危機感を抱くという。

「そもそも日本の赤ちゃんの睡眠時間は世界一短い。午後一〇時以降に就寝する乳幼児も四割ほどいます。以前から子どもの睡眠不足が指摘されていたのですが、今ではここにスマホがあるわけです。子どもには使わせていないという家庭でも、親のほうは夜遅くまでSNSやネット検索をしているでしょう。そうやって親がスマホを使っていると、子どもも巻き込まれるんです」

親がゲームやSNSに夢中になっていれば、子どものほうも落ち着かない。なかなか寝なかったり、騒ぐようなこともあるだろう。子どもが直接スマホを使わなかったとしても親の生活スタイルに影響され、結果的に夜更かしや睡眠不足に陥る可能性は高い。

子ども自身がスマホを使うとなれば、光や音、多様な仕掛けに刺激される。アニメ動画に興奮したり、お気に入りのゲームで遊んだりして、遅い時間まで起きている。すると自律神経に乱れが生じ、生体時計の働きに影響が出てしまう。

「人間はずっと同じ状態で動いているわけではありません。昼間は交感神経が働くので、脳や筋肉に血液が多く配分され、思考や行動が活発になる。一方、夜間には副交感神経が働き、心臓の動きをゆっくりさせたり、腎臓や消化器に血液が集まりやすくなります。自律神経が正常に働くことで生体時計が基本的なリズムを持ちますが、逆に乱れてしまうと睡眠障害をはじめとしてさまざまな問題が出る可能性があるのです」

「脳時計」が狂うと心身のリラックスがむずかしい

私たちは生活上、さまざまなリズムを刻んでいる。歩く、走る、話す、歌う、手作業をするなどの行動では、無意識のうちにリズムの助けを借りている。同じような働きが体内にもあり、皮膚や筋肉、リンパ、心臓をはじめとする臓器などに張り巡らされ、一日単位、月単位などの生体リズムを刻む。

夜になったら眠くなり、朝になったら自然に目が覚める。このような生体リズムを統括するのが、脳の視床下部の視交叉上核にある「脳時計」だ。

脳時計は、「睡眠―覚醒」という生体リズムをコントロールするほか、メラトニンなどのホルモンの分泌、深部体温を調節する働きを持つ。生体リズムを制御して、自律神経の機能を調整する司令塔のようなものだ。

乳幼児では、この調整機能が未成熟である。生まれたばかりの赤ちゃんが寝たり起きたりを繰り返すように、睡眠が安定しにくい。一方で、子どもの脳は眠っている間に神経回路を作り、神経伝達物質の点検や修理をしている。だからこそ規則的な生活スタイルや十分な睡眠が必要なわけだ。

ところが現状では、刺激や興奮にさらされやすい成育環境になっている。むろん、スマホだけがその原因とは言えないが、少なくともスマホがなかったころの生活よりも多様な刺激に囲まれているだろう。

子ども自身がスマホに接しないとしても、親はSNSやゲームなどに時間を費やしている。赤ちゃんを寝かしつける横で、母親がLINEに熱中するようなこともあるはずだ。おまけに、スマホによって生活の効率化やスピード化が一層加速している。いつでもどこでも使えることはメリットの反面、常にスタンバイ状態を強いられる状況を生み出す。緊張感やストレスが増え、心身ともにリラックスした状態からはほど遠くなってしまう。

神山医師は、生活や家庭環境の変化、特にスマホがもたらす子どもの脳への影響をこう懸念する。

「夜遅くまで刺激的な状況に置かれて生体リズムが乱れるだけでなく、脳が興奮してしまう。脳を休めて回復させるための睡眠も少ないわけだから、なおさら負荷がかかります。睡眠不足がつづくと体調が悪くなりますが、精神的にも不安定になるのです。たとえば神経伝達物質のひとつであるセロトニンは運動や朝の散歩などで働きが高まりますが、きちんと眠れていなかったらそんな元気は出ないですよね。脳内のセロトニン濃度が低くなると、衝動的になったり、気持ちが沈み込んだりするのです」

逆に、精神的な安定や癒し、ストレスコントロールなどに関わるのがオキシトシンという神経伝達物質だ。オキシトシンは母親が子どもに授乳する際に出ることが知られており、別名「幸せホルモン」とも呼ばれる。

「オキシトシンは抱っこやおんぶ、トントンと赤ちゃんの背中を叩いてあげたりすることでも高まるという研究者もいます。つまり、昔からあたりまえにやっていた入眠儀式、親子のふれあいが効果的と考えていいでしょう。そういう自然な接触をせずに、スマホに子守りさせたり、睡眠アプリで寝かしつけようとする。こんな環境で、子どもは気持ちよく眠りにつくことができるでしょうか」

ジョブズは子どもにスマホを与えなかった

一九九九年、アメリカ小児科学会は、「乳幼児の脳の発育、情緒的・知的・社会的発達にとって、両親あるいは保育してくれる人との直接ふれあうかかわりが重要だ」とする勧告を出した。二〇一一年には「二歳未満」の子どもを対象に、メディアとの関わり方について再度警鐘を鳴らしている。

このときの提言では、「二歳未満のメディア使用が有益である証拠はなく、子どもの健康・教育・発達に対してむしろ有害である可能性がある。家族の視聴も影響する可能性がある」とさらに踏み込んだ内容となっている。

米アップル社を創業したスティーブ・ジョブズが、自分の子どもにiPhoneやiPadを使わせなかったのは有名な話だ。IT業界において「天才」と称された彼だが、親としてはアナログを貫き、子どもたちの利用を厳しく制限すべきと語っていたという。

前述したように、日本では〇歳児～五歳児の乳幼児のスマホ接触率が五八・八%と、およそ五人に三人の子どもが利用している。こうした状況が具体的にどう影響していくのか、奈良県大和高田市立病院の小児科医・清益功浩医師は、「親子のコミュニケーションの変化が、子どもの社会性に影響を与える可能性は否定できない」と話す。

「スマホを通じて親子一緒に遊ぶと言っても、たとえばゲームならパターン化しています。人工の音や映像、キャラクターと接するわけですから、いわゆるリアルな感覚というのは得られにくい。子どもの心身の発達には感覚から得る刺激が大切で、いろんな感覚を通して快や不快、喜びや不安といった情緒も育まれる。そういう実感を伴ったコミュニケーションができないと、将来的に他者との関係性がうまくいかなくなることも考えられます」

たとえば母親から母乳を与えられる際、赤ちゃんは単に飲んでいるというわけではない。

母乳がどんな味なのかを感じる味覚、おっぱいの匂いや体臭を感知する嗅覚、肌の柔らかさを知る触覚、優しく語りかける母親の声を聞き分ける聴覚、これらの感覚を得ながら母乳を飲む。

感覚的なコミュニケーションを育む重要性

一方、母親も赤ちゃんの反応を見ながら、「たくさん飲んでね」と笑いかけたり、我が子のぬくもりを感じたりしながら母乳を与える。つまり親子のコミュニケーションは必ずしも言葉によるものではなく、視覚や触覚などの感覚を通じても行われるのだ。

「こういう場面でお母さんがスマホに気を取られていたらどうでしょうか。それこそ授乳アプリを操作するのに必死で、まともに子どもの顔も見なかったりすると、感覚的なコミュニケーションは成り立ちません。聴覚や視覚などの五感から得られる情報は脳の活動にも影響を与えますし、スムーズな対人関係や社会性の習得にも関わってきます。実際、人と人がコミュニケーションを取る際には相手の表情や声の調子、仕草などから無意識のうちに多くの情報を得ている。それができるのは乳幼児期から多様な感覚を得て、育んできたからです」

清益医師は、スマホによって子ども同士の関係性や集団内でのコミュニケーションにも変化が出ていくのではないかと言う。スマホは基本的に個人のツールだが、同時に「双方向」のメディアでもある。つまり、自分ひとりで使いながらも、スマホに向かって反応したり、アクションを起こすことができる。

たとえばｉＰｈｏｎｅに備えられている「Ｓｉｒｉ」は、「音楽が聴きたい」と話しかければ「どんな音楽がいいですか」などと答えてくれる。ゲームであれば自分そっくりなキャラクターを設定し、好きなようにコントロールできる。

個人と機械とのコミュニケーションが可能となった環境で育つ子どもが、他者との双方向の関係性をどう築くのか。清益医師は、「友達は自分の好きなようにコントロールできない。当然の現実ですが、そこに適応できない子どもが増えていくかもしれません」と不安視する。

親のスマホ依存こそが問題？

子どもの現場に関わる人たちを取材する中で多く上がったのが、「親のスマホ依存」を懸念する声だ。とりわけ保育士や保健師など、日常的に親子に接する人たちの懸念は強い。

関西地方の保育園の元園長・大川えみる氏は、「子ども自身のスマホ利用の問題もさることながら、私が危機感を持つのは母親のスマホ依存です」と嘆息する。

「登園時も帰宅する際も、ずっとスマホを使っているお母さんが増えてきました。子どもはお母さんのお迎えを今か今かと待っているのに、まともに顔も見なければ話しかけようともしません。運動会やお遊戯会のときも、子どもは一生懸命がんばっているのに親はスマホに気を取られている。こんな状態で家庭での様子はどうなのか、想像するだけで暗い気持ちになります」

群馬県の保育園の主任保育士は、担任する五歳児の子どもたちが話す内容に驚かされるという。母親がスマホゲームに夢中でなかなかご飯を作ってくれない、深夜までSNSをつづける母親の横で入浴もせずひとりで寝た、そんな話が次々に出てくる。

「五歳児ともなると物事の善悪がわかってきます。自分の親がやっていることがいいことなのか悪いことなのか、子どもなりに感じている。それでもお母さんのことが大好きなので、せっせと気を引こうとしたり、ちょっかいを出したりする。そういう行為で母親のスマホ利用を止めたい、自分に振り向かせたいと思うのです」

そんな子どもの健気さに応えるどころか、キレてしまう母親もいる。園児が泣きはらした顔で登園した際に理由を尋ねると、「朝、ママのスマホの邪魔をしたら、玄関の靴で思いっきりぶたれた」としゃくりあげたこともあった。

「現場を見たわけではないので真偽のほどはわかりませんが、日頃の様子から察するにあり得る話だなと思います。私が園内でのお子さんの様子を報告しているときでも上の空、ＬＩＮＥのメッセージ交換をするお母さんがいるくらいですから。保育士の話をきちんと聞けない人が、家で子どもの話をしっかり聞けているのでしょうか」

「無意識のうちに子どもを放置する母親」が怖い

公的機関である子育て支援センターなどに勤務し、家庭訪問や育児相談を担当する保健師は、より強い不安を訴える。乳幼児家庭を対象にした個別訪問を行う神奈川県内の保健師は、「無意識のうちに子どもを放置する母親の怖さ」を感じているという。

この保健師は長年、「子育てがうまくいかない」、「子どもを愛せない」といった母親たちの相談に乗ってきた。赤ちゃんがおっぱいを飲んでくれない、毎晩夜泣きをする、いくらあやしても泣き止まない、そんな状況に陥ればたいていの母親は追い詰められる。身体的にも精神的にも疲弊し、保健師の前で号泣する場合も少なくない。

追い詰められた心身を支え、励まし、さまざまな育児サービスを提供してきたが、ここ最近、妙に淡々とした母親が現れている。その背景のひとつとして、「スマホで現実逃避ができるから」という理由を挙げた。

「私たち保健師に、悩みや不安をぶつけてくれるお母さんはいいんです。そうやって発信してくれればこちらも対応できるし、なによりお母さん自身が悩みや現状を意識できる。自覚があれば問題を解決するための行動も取れますが、そうなる前にスマホで別のことに意識を向けてしまう。もちろんそれで気分転換にもなりますから、プラス面やメリットもあるでしょう。ただ、子どもと向き合うのを避けているような、目の前の現実から意識が飛んでいる感じを一部のお母さんから受けるのです」

たとえばベッド上の赤ちゃんが泣いている最中にLINEの着信があったとき、母親はためらいもなくスマホを手にする。メッセージ交換をしている間、赤ちゃんは泣きつづけているが、まるで「壁」を作ったかのように我が子に反応しない。それでいてメッセージが届くたび、ひとり楽しげに笑ったりする。

保健師が「赤ちゃんを抱っこしてあげたら？」と注意すると、ハッと我に返った顔になる。あわてて子どもを抱き上げ、ヨシヨシとあやしたりするが、再度着信があると同じ様子が繰り返される。スマホを使う母親の意識が、「どこかに飛んでいる感じ」なのだ。

「こういうお母さんは決して赤ちゃんがかわいくないわけじゃないし、その人なりに一生懸命やっているのでしょう。でも、無意識のうちに子どもをあとまわしにしたり、放置してしまう。我が子に対して壁を作れるから、逆にお母さん自身はストレスでつぶれないのではないかと思います」

スマホで現実逃避すれば、自分の現状や問題点を自覚せずに済む。だからこそ決定的に追い詰められることもなく淡々とできるのではないか、そう保健師は言う。

前出の保育士たちも、母親が「上の空」、「子どもの顔をまともに見ようとしない」などと話したが、やはり意識が飛んでいるのだろうか。仮にそうであるとするなら、無意識のうちに放置される子どもはいったいどうなるのだろう。

幼児期の関わりが重要

日本ではかねてより「三つ子の魂百まで」と言われてきた。三歳ころまでに受けた愛情や体験、人との信頼関係などによって形成された性質は年をとっても変わらない、そんな意味を持つ格言だ。

同様の格言は世界各国にもある。たとえば中国では、「三歳の子どもを見たら老後がわかる」、アメリカでは「ゆりかごの中で覚えたことは墓場まで持って行く」と言われる。いずれも乳幼児期の重要性を指すものだ。

ユニセフが二〇〇一年に出した『世界子供白書』では、「子ども時代の初期には親や家族やその他の成人との間の経験や対話が子どもの脳の発達に影響し、十分な栄養や健康やきれいな水などの要因と同じくらい大きな影響力をもつ」と報告されている。

さらに、子どもの発達を脳科学の観点から研究してきた文部科学省の『情動の科学的解明と教育等への応用に関する検討会』では二〇〇五年十月、「三歳までの子育てと親の関わり」に関する報告書を出している。

この報告書では「適切な情動の発達については、3歳くらいまでに母親をはじめとした家族からの愛情を受け、安定した情緒を育て、その上に発展させていくことが望ましいと思われる」と、母親や家族の役割の重要性を強調している。

ここで注目したいのは、脳科学における乳幼児期の子育てと子どもの脳の発達の関連性だ。研究の発達により、現在では、乳幼児期の脳や身体機能の発達に親（または親に代わる保護者）の愛情、信頼の絆が重要な役割を果たすことが解明されている。

親との間に信頼関係を築くことを愛着形成、そこで形成される絆を愛着関係と言い、これらが子どもの脳の発達に影響するというのだ。

「愛着関係」が子どもの発達に与える影響

では、愛着形成や愛着関係は具体的にどう影響していくのか。小児神経科医で、しぶいこどもクリニック院長の澁井展子医師への取材をもとに、まずは同医師の解説を引用（東京都医師会雑誌第69巻第3号）する。

⑴安定した愛着関係が培う自律神経の調整力（脳幹）

脳幹の機能により空腹や眠さなどの肉体的要求を母親に知らせ、母親がその要求に適切に応え、それに母子の愛着の要素（母親から自分に向けられる眼差しや笑顔・優しい声・肌の温かさと匂い・母乳の味など）が加わることで、乳児は安心感を深める。この体験を重ねることで、脳幹内の自律神経の機能が順調に発達しはじめ、呼吸・内臓・血管系などの働きを整える能力が育つ。空腹や眠さで泣いて呼吸や心拍数が増加しても、要求が満たされることにより、すみやかに興奮を収めこれを整えていけるようになる。

(2)安定した愛着関係が培う深い安堵感・弾性力（視床・扁桃体）

不安や不快さ、甘えたい等の情緒的要求に対し母親が適切な対応をし、これに愛着の要素が加わることで乳児が満足し安心すると、危険情報を察知し処理する役割を果たす視床と扁桃体の機能が順調に発達し、乳児に深い安堵感が生まれる。この安堵感は扁桃体に記憶として深く刻まれ、将来不運や不幸に遭遇した時に、それに打ち克つための心の強さとなる弾性力の基礎となり、やがてそこから自癒能力が育っていく。

(3)不安定な愛着関係がもたらす感覚調整と感情中枢の調整不良

不平・不満を泣いて知らせても適切な対応がされず、さらに愛着の要素が加わらず、愛着の絆が結べない場合は脳幹の感覚調整力が上手く育たない。このため一度泣き出すと呼吸や心拍数を整えることができず、さらに、扁桃体が興奮しすぎるために不安感だけが増強する。

これらの感情中枢の調整不良は、将来、大脳皮質の発達に影響を与え、人間として最も大切な高次機能を司る前頭前野が順調に発達しない可能性が生じる。

澁井医師の解説を実際の子育て状況、たとえば親子の会話という場面に置き換えてみよう。乳児であればまだ言葉らしい言葉を発することはできないが、それでも生後二ヵ月ころから喃語《なんご》と呼ばれる声を出す。「ウーウー」とか、「アブブー」とか、赤ちゃんなりのおしゃべりだ。親が「おりこうさんだね」、「おっぱいがほしいの？」などと応えると、赤ちゃんはうれしそうに笑ったりする。これが言語機能のはじまりだ。

言語機能をつかさどる脳の感受期（発育過程においてもっとも発達が盛んな時期）は、生後三ヵ月ころから六歳ころとされる。澁井医師によると、生後九ヵ月ころの赤ちゃんは音声を聞き分ける脳の部分が盛んに発達する時期であり、次にその音声が意味を持つことを理解する脳の部分が発達する。そのため、言葉のシャワーを浴びせることが大切だという。

「意味がないように聞こえる赤ちゃんの発声にも、そのときの感情表現があります。親と双方向の関わりを持つことで、言語能力やコミュニケーション能力の基礎を身に付けていくのです。親子の関係性が影響するのは、もちろん言語機能の発達だけではありません。目と目を合わせて見つめ合うことは視覚認知の発達を促しますし、赤ちゃんが人の笑顔に反応して笑い返すのは共感性が育ちはじめているからです」

言語能力や視覚認知、感情の発達といった人間として重要な脳の機能は、乳児期に感受期を迎える。赤ちゃんはこれらの重要な機能のほとんどを、親密な人との関わりの中で身に付けていく。愛情深く話しかけられ、笑顔を向けられ、互いに反応しあってこそ発達していくのだ。

ところが現状では、親がスマホの操作に夢中になるあまり、赤ちゃんの呼びかけに上の空だったりする。泣いても無視したり、抱き上げることもなくスマホの画面を向けたりする。お腹がすいて泣くとき、寂しくて泣くとき、どのような感情から泣いてもパターン化したスマホアプリの対応しか返ってこなければ、赤ちゃんの気持ちは伝わりようがない。

感情や要求が適切に満たされることがないと、共感性をはじめとする情緒機能が順調に発達しない可能性が生じる。こうした状況が繰り返され長期間つづくことを、澁井医師は「スマホネグレクト」と表現した。

スマホネグレクトの悪影響

「人が健全で幸せな社会生活を送るためには、単に成長すればいいという話ではないのです。道徳心や社会性、自尊心や共感性、コミュニケーション能力などたくさんの行動規範が必要になってきます。自分の欲望や衝動のままに生きるのか、それとも社会性や共感性を持ち規範に従って生きるのかを決定するソーシャル・リファレンシングの感情は、生後六ヵ月から二歳ころまでに培われます。赤ちゃんははじめての物や出来事に遭遇したとき、必ず信頼している人の指示を求めて振り返りますが、こうした過程を繰り返すことでソーシャル・リファレンシングの感情が育つのです。その大切な時期に、親がスマホ依存になっていたらどうでしょう？　規範の元となるべき親が自分を見てもくれない、要求に応えてくれない、そんな成育状況に長く置かれたら、どうやって自分や他者を大切にし、ルールを守ることができるでしょうか」

ネグレクトとは児童虐待のひとつで、養育放棄という意味を持つ。子どもに食事を与えなかったり、病気になっても病院に連れていかないなど、要は不適切な養育環境に置くことを指す。

澁井医師が言うスマホネグレクトはそこまでの状況を指すのではなく、親子の愛着や信頼関係が希薄化することで、結果的に子どもの発達に影響を及ぼす可能性があるというニュアンスだ。

親の側にしたら、積極的に子どもを無視したり、放置しているわけではないかもしれない。ついスマホに気を取られ、その楽しさに知らず知らずのうちに熱中し、気づいたら子どもから遠ざかっているような場合が多いのだろう。

だが、幼い子にとって親は絶対的な存在だ。自分の命と生活を日々委ねるほかないからこそ、親に笑いかけ、言葉を発し、愛着関係を求める。わずか数年の乳幼児期に、その後の人生に深く影響するような言語能力の発達、社会性や共感性の習得に関わる感受期を迎えることを考えれば、目の前のスマホ操作といったいどちらが大切か、おのずと答えは出るはずだ。

「乳幼児期にきちんとした愛着関係を結べず、長期にわたってスマホネグレクト状態に置かれると、将来的に愛着障害が起きることが考えられます。安心感が乏しく情緒不安定になったり、対人関係に問題が生じる可能性もあるでしょう。結果的に親子関係も不安定になりかねません。スマホが全面的に悪いとは言いませんが、その後の人間関係の基礎となる愛着関係が結ばれる乳幼児期に、親に自覚がないままどんどん使われてしまうことに対しては警鐘を鳴らしたいと思います」

「自分の世界に入っているんだと思います」

自覚がないまま進行するスマホネグレクトについて当の母親たちに尋ねると、「思い当たる」、「自分にも可能性がある」といった答えが少なからず返ってきた。生後六ヵ月の娘を育てる東京都の母親（二七歳）はこう話す。

「子どもはかわいいのですが、一日中かかりきりになる生活はストレスがたまります。ちょっとくらい息抜きしてもいいと思ってLINEやゲームをはじめると、今度はなかなか中断できない。娘と二人でいるときには誰の目もなく注意もされないので、なおさら止めようがありません。結局スマホをつづけながらオムツを替える、おっぱいをあげるといった状況になってしまう。しかもそういう自分を、まぁしょうがないよね、とどこかで肯定していて、よくよく考えると怖くなります」

四歳の娘と二歳の息子を持つ埼玉県の母親（三五歳）は、子どもたちに対してつい邪険に接してしまうことがある。そういう自分をあとから振り返ってみると、「スマホを使っているとき」と重なるのだ。

「たぶんスマホを使っているときの私は、自分の世界に入っているんだと思います。子どもにしつこく話しかけられたりすると侵入された感じになって、瞬間的に火がついたように腹が立つ。あとから反省するのですが、うまく自分をコントロールできないのはスマホが原因なのかもしれません。届いたメッセージに即レス（すぐに返信すること）できないと妙な罪悪感が湧くし、子どもは待たせておけるけどスマホは待ってはくれないというような本末転倒の思考にはまってしまうんです」

スマホ育児やスマホネグレクトに対して、批判的な見方は少なくないだろう。子どもの心身の発達に影響が出る可能性を考えると、親の姿勢が問われることは当然とも言える。とはいえ、単に親を批判するだけでは問題解決にならない。スマホ育児が浸透する背景にはさまざまな要因が考えられるからだ。

そもそもスマホは「依存」を招きやすい。詳細は第3章で後述するが、簡単に利用できるだけでなく、興奮や快感を得られるものは習慣化し、容易には手放せなくなる。タバコやアルコールなどはその好例だ。

さらに現代では、電気や水道と同様に生活上のインフラとなっている。連絡やコミュニケーション、情報収集や情報発信、電子決済や各種の手続きなどがスマホで一元化されている。時計も手帳も地図もすべてスマホに入っているわけだから、「使わない」という選択はむずかしい。

こうした背景を考えれば、親たちのスマホ利用が習慣化し、育児においてもインフラ化が進むことは十分考えられる。

頼れる人も、話し相手もいない母親たち

子育てに特有の要因も考えられる。ひとつは孤立化、特に乳幼児を育てる母親が近隣や社会との接点を持てないままひとりで育児を担っているという現実だ。

ベネッセ次世代育成研究所が、〇歳児から二歳児を持つ母親（一五〇〇人）を対象に行った第四回『子育てトレンド調査』（二〇一一年二月）によると、「地域の中で子どもを預けられる人がいるか」という質問に対し、「ひとりもいない」が五三・四％と過半数に達している。「地域の中で子育ての悩みを相談できる人がひとりもいない」、「子ども同士を遊ばせながら立ち話程度をする人がひとりもいない」という母親はいずれも二割以上だ。

このような希薄な人間関係は、家族間にも及んでいる。「祖父母に子どもを預かってもらうか」という質問では「まったくない」が二九・八％と、身近な親族にも容易に頼れない状況が浮かび上がる。

夫の帰宅時間の平均は二一時〇一分、平日に母子だけで過ごす時間が「一五時間以上」という家庭が約二割ある。「平日、子どもとまったく外出しない」母親が五・一％、「週に一〜二日外出」が二六・八％と、合わせて約三割の母子が自宅で過ごす傾向が強い。

誰とも会わず、話せず、頼れる人がいないような日常において、スマホは「外界」と接

するための重要なツールとなるだろう。職業人として働き、多様な社会経験を持つ現代の母親にすれば、スマホを通して何かと、あるいは誰かとつながることは自然な行為とも言える。

社会の不寛容が母子を追い詰める

スマホ育児が進むもうひとつの要因は、社会の不寛容さが増していることだ。子どもにスマホを利用させる母親たちが、「周囲の迷惑にならないように」という理由を挙げていた。子どもが騒いで迷惑をかけたくないから、スマホを使っておとなしくさせる。

実際、「騒音」を理由に保育園建設への反対運動が起きたり、公園で遊ぶ子どもの声がうるさいと訴訟になったりする。各地の保育園や児童館では、「近隣からの苦情」に配慮して窓もカーテンも閉め切り、外遊びの時間を制限するなどの対応策も講じられた。

最近では地域の夏祭りでも奇妙な光景が展開する。住民の盆踊りの最中、肝心の音楽が流れないのだ。音頭を取れずどうやって踊るのかと言えば、各自が装着したイヤホンから音が流れる仕組みになっている。盆踊りでさえ「騒音」とされてしまうのだ。

せめて公園で子どもを思いきり遊ばせたい、親子でかけっこをしたりボール遊びに興じたいと思っても気軽にできない。「ボール遊び厳禁、通報する」とか、「サッカー禁止、見かけたら一一〇番します」という高圧的な看板を掲げる公園もある。

こうした不寛容さ、閉塞感を子育て中の親たちは敏感に感じ取っている。乳幼児を連れた外出は大変だが、それに加えて「社会の邪魔者」のような空気を感じれば、なおさら過敏にもなるだろう。周囲に迷惑をかけたり、冷たい視線を浴びたりするくらいなら、家の中でスマホを使って遊ばせよう、親たちがそう考えても無理はない。

前出の母親が、無料の育児アプリを指して「タダで使えるおもちゃ箱」と表現したが、子育て現場は今、スマホという名の文明の利器を前にしている。それは、かつてないほど便利で、多様な用途があり、生活に欠かせない必需品だ。

スマホがもたらす数々の新しさ、急激な変化の中で育つ子どもたち。その将来が幸せなのか、それとも禍根を残すのかを考えるとき、ひとつの判断材料になるものがある。昼夜を問わずスマホを駆使し、人気のアプリやコンテンツを「神」と称する一〇代の少年少女だ。

次章では、中学生、高校生のスマホ生活に迫り、そこで起きているさまざまな問題を取り上げていく。

第2章　スクールカーストとつながり地獄

九八・五％の高校生がスマホを所有

この数年で電車内の光景が一変したと感じる人も多いだろう。新聞や文庫本、マンガ雑誌などを読んでいる人が激減し、乗客のほとんどがスマホやタブレットを手にしている。

特に目立つのが中学生、高校生のスマホ利用だ。数人のグループで乗車し、にぎやかにおしゃべりする一方で絶えずスマホを操作している。リアルの会話とネットでのやりとりを同時進行しながら盛り上がり、目にもとまらぬ速さでタップ（スマホの画面を指で押すこと）を繰り返す。

情報セキュリティ企業のデジタルアーツが行った第一〇回『未成年の携帯電話・スマートフォン利用実態調査』（二〇一七年三月）によると、一〇歳〜一八歳のスマホ所有率は八〇・三％。このうち高校生は九八・五％だ。

一日の利用時間は全体の平均で三・二時間だが、高校生では長時間化が際立つ。平均使用時間は男子が四・八時間、女子は六・一時間。驚くことに、女子では「一日一五時間以上」が三・九％と二五人に一人の割合でいるのだ（表2）。

いったいどういう使い方をしているのか、「一日の利用時間帯」を挙げてみよう。もっとも多いのは「一八時〜二一時」で、男子高校生の八三・五％、女子高校生では八八・三％が利用している。帰宅や通塾、夕食などの時間帯だろうが、どんな行動にもスマホが付いてまわる様子が見て取れる。

さらに、「〇時〜三時」という深夜の時間帯に、男子高校生の二四・三％、女子高校生の二五・二％と、四人に一人が利用。「三時〜六時」でさえ、男女とも約一割の生徒が利用している（表3）。

彼らはなぜそこまでスマホを使うのか、まずは取材例からその実態に迫ってみよう。

LINEの未読メッセージが二〇〇「積もる」

千葉県内の公立高校二年生・菜穂さん（仮名）に三年ぶりに話を聞いた。スリムな体型に肩までのストレートヘア、切れ長の目をして実年齢より大人びて見える。前髪をビーズ細工のピンで何ヵ所も留め、話の最中もしきりに手鏡を取り出しては髪型を確認する。

彼女には二〇一三年、当時中学二年生のときに週刊文春での取材に協力してもらったことがある。同じクラス、部活動、塾仲間など複数のLINEグループに登録し、仲間同士でのメッセージ交換に追われる様子をこんなふうに話していた。

表２　携帯電話／スマートフォン：一日の平均利用時間

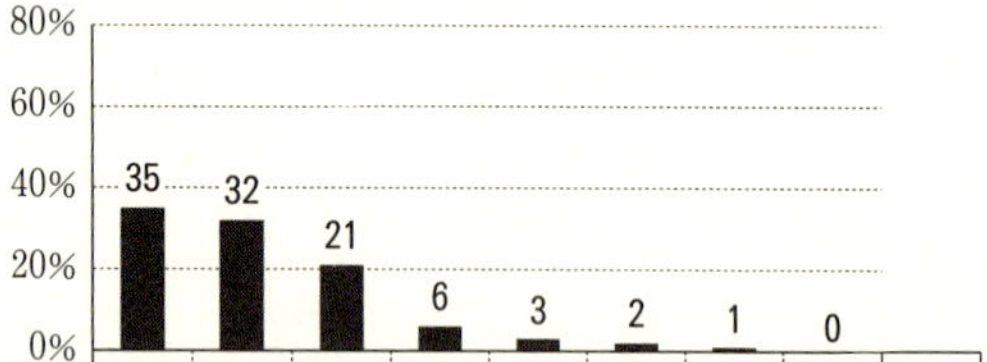

		n=	1時間未満	1〜3時間未満	3〜6時間未満	6〜9時間未満	9〜12時間未満	12〜15時間未満	15時間以上	スマートフォンや携帯電話を使っていない	平均（単位：時間）
子ども 学校×性別		(618)	34.8	32.2	20.9	6.3	2.8	1.8	1.3	0.0	3.2
小学生（4〜6年生）	男子	(103)	57.3	31.1	6.8	3.9	0.0	1.0	0.0	0.0	1.9
	女子	(103)	62.1	27.2	9.7	0.0	0.0	0.0	1.0	0.0	1.8
中学生	男子	(103)	35.9	38.8	20.4	3.9	1.0	0.0	0.0	0.0	2.4
	女子	(103)	45.6	37.9	14.6	1.9	0.0	0.0	0.0	0.0	2.0
高校生	男子	(103)	4.9	38.8	31.1	13.6	5.8	2.9	2.9	0.0	4.8
	女子	(103)	2.9	19.4	42.7	14.6	9.7	6.8	3.9	0.0	6.1

比率の差　各全体＋10ポイント　各全体−10ポイント
各全体＋5ポイント　各全体−5ポイント

出典：第10回『未成年の携帯電話・スマートフォン利用実態調査』（デジタルアーツ株式会社）

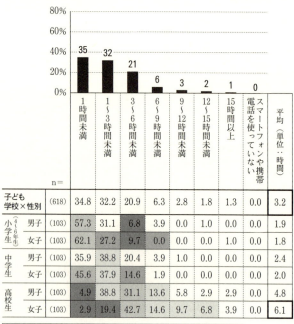

表3　携帯電話／スマートフォン：一日の利用時間帯

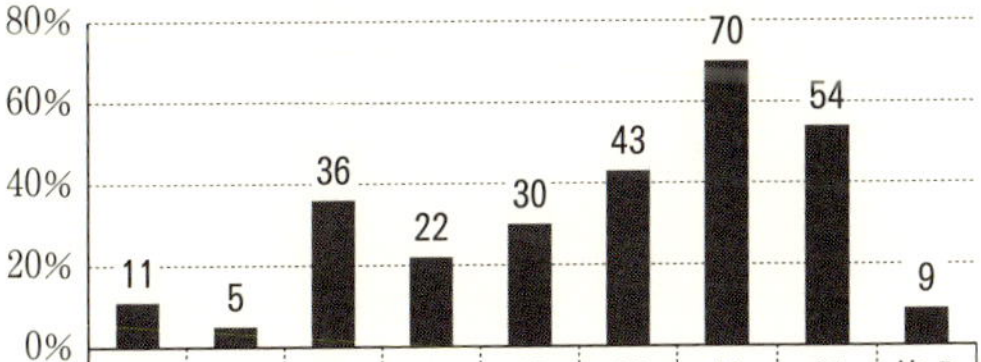

		n=	0時〜3時	3時〜6時	6時〜9時	9時〜12時	12時〜15時	15時〜18時	18時〜21時	21時〜24時	5分以上使うことはない
子ども 学校×性別		(618)	10.5	4.7	36.4	21.8	30.4	42.9	70.1	53.7	8.9
小学生（4〜6年生）	男子	(103)	6.8	1.9	26.2	27.2	30.1	37.9	60.2	32.0	18.4
	女子	(103)	1.9	1.0	22.3	13.6	21.4	41.7	57.3	28.2	16.5
中学生	男子	(103)	3.9	2.9	31.1	16.5	21.4	36.9	60.2	58.3	6.8
	女子	(103)	1.0	1.0	26.2	8.7	15.5	25.2	70.9	48.5	9.7
高校生	男子	(103)	24.3	11.7	55.3	33.0	47.6	48.5	83.5	75.7	1.0
	女子	(103)	25.2	9.7	57.3	32.0	46.6	67.0	88.3	79.6	1.0

比率の差　各全体＋10ポイント　各全体－10ポイント　各全体＋5ポイント　各全体－5ポイント

出典：第10回『未成年の携帯電話・スマートフォン利用実態調査』（デジタルアーツ株式会社）

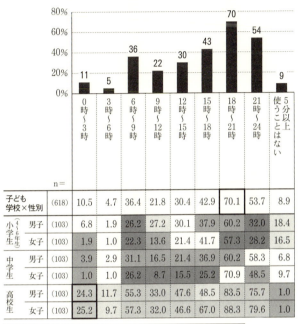

「既読無視したらアイツ感じ悪ぅーってなるし、ちょっと間があくとみんなの流れについていけない。話を終わろうとしても、締めのメッセージにまた返信が来るからもうエンドレスです。誰かが寝落ち（途中で寝てしまう）するまでやめられなかったり、休みの日とか連続一〇時間やったこともあります」

そう語っていた彼女に再び様子を聞くと、開口一番「今はあのころよりキツイ」と声を落とした。

ＬＩＮＥに登録されているグループは当時の一〇倍、五〇以上あるという。高校の友達だけでも、現クラス、過去のクラス、部活動、クラスをまたいでの仲間など多岐にわたる。それに加えて小学校や中学校のときの同級生、学校以外の友達、ネット上だけでつながる人もいる。数時間スマホを放置しただけで、ＬＩＮＥの未読メッセージが一〇〇、二〇〇と「積もっている」こともあるという。

具体的にどのような状況なのか、日常的に行われているやりとりについて聞いてみると、「イツメンの話でいいですか?」と言う。「イツメン」とはいつものメンバーの略で、要はより親しくしている友達や仲間という意味。仲間とＬＩＮＥ上で会話することは、「グルチャ（グループでチャットの略）」と言うそうだ。

「グダグダとどうでもいい話をつづけていることもあるし、誰かがバトンをまわしたりしてハンパなく盛り上がることもありますね。ただLINEのグルチャについて言えば、中学のときよりも途中で抜けやすくなってます。みんなツイッターとかも使ってほかの人とも群れているから、やめたくなったら、ごめん、（ツイッターなどに）流れるって言えば済むので」

「イツメン」につづいて、またも聞き慣れない言葉が出る。菜穂さんの解説をもとに説明すると、「バトン」とは定型文の質問を次々とまわしていくチェーンメールのようなものだ。たとえば「最近聞いた話を二〇個」とか、「学校で気になる人の名前を三〇人挙げる」などというメッセージに対し、グループ内のメンバーが次々とコメントを書き込んでいく。

誰かがおもしろいことを書くと、「笑い」や「ウケた」という感情を表すスタンプ（LINE上で使われるイラストやキャラクター。感情や状況を表す）を何度も連打して送信する。リアルの世界で言えば、誰かの冗談にみんなが拍手を送るようなものだ。

心身の不調を感じても……

一見すると楽しく盛り上がっているふうだが、菜穂さんの感覚は違う。

「今ではLINEだけでなく、ツイッターとか、インスタ（インスタグラム＝写真の投稿や共有ができるSNS）とか、いろんな友達関係があります。常時フォローをしなくちゃならないし、そのぶん時間に追われまくる。LINEに疲れて抜けたとしても、今度はツイッターが待ってるという感じです。しかもツイッターでは、本アカと裏アカを使い分けるのがふつう。裏アカでは仲間内で赤裸々なことも書き込むので、ちょっとした行き違いでトラブルになるし、考えすぎて眠れなくなることもあるんです」

菜穂さんが言うツイッターの「本アカ」、「裏アカ」とは、正式なアカウントと裏のアカウントを指す。アカウントは「サービスを利用するための権利」という意味で、たとえば銀行のキャッシュカードのようなもの。これをひとりで複数所有し、表向きの友達関係と裏でのつながりを使い分ける。

複雑に展開するコミュニケーションに疲れ、精神的に追い詰められるのは菜穂さんに限ったことではない。前出の第一〇回『未成年の携帯電話・スマートフォン利用実態調査』で女子高校生の使用経験を見ると、「頭痛等の体調不良になる回数が増えた」が二六・二％、「イライラするようになった」が一二・六％と、少なからず心身への影響が見て取れる。「友達といても楽しいと思えなくなった」七・八％、「あらゆることに好奇心が薄れた」

九・七％とあるが、こうした回答からは精神的不調の可能性も窺える。

誰からも選んでもらえないリスクと不安

心身ともに不調を感じながらも、コミュニケーションから離れられないのはなぜなのか。この背景にはいくつかの問題が複雑に絡み合っている。ひとつは、スマホならではの物理的な問題だ。

前章でも挙げたが、スマホはいつでもどこでも使える利便性に加え、多様な用途があり、生活上のインフラにまでなっている。当然、友達との交流は学校内にとどまらず、帰宅後も、休日も、時間や状況を問わず「つながってしまう」ことになる。

また、スマホを利用することで子ども同士の関係性はより広く、自由になった。菜穂さんが、「クラスをまたいでの仲間」や「ネット上だけでつながる友達」を持つように、既存の集団以外での人間関係が広がっている。要は、誰とでもつながれるし、つながる相手を好きなように選べるわけだ。

広く、自由な関係性を手にしているのなら、逆に身近なつながりに固執する必要はないように思えるが、実はそれこそが切実な問題なのである。

『つながりを煽られる子どもたち』（岩波ブックレット）など多くの著作を持つ筑波大学人文社会系の土井隆義教授はこう話す。

「スマホを介した人間関係では、確かに自由度が大きい。つきあう相手を選べるし、誰とでも友達になれる可能性が飛躍的に高まりました。でもその自由度や幅広い選択肢は、自分と同じく相手側も持っているわけです。つまり、相手から選ばれるかどうかわからないというリスクと一体になっている。いつなんどき排除されても、それは相手の自由となれば、常に不安がつきまとうでしょう。だからこそ、互いに親密であることを絶えず確認しつづけなければならないのです」

友達や仲間としての関係性に確固たる自信があればともかく、たいていの場合、はっきりと断定できるまでの確証は持てない。なぜなら表面上「友達だよね」と言い合っている仲間同士が、ＬＩＮＥの中では別々のグループを作り、互いの悪口を書き込んでいたりするからだ。数時間前まで和気あいあいとしていたのに、些細な言葉をきっかけに「絶交」となるようなこともある。

ここ数年、取材する中高校生が「心友」や「信友」、「神友」という言葉を使う。いずれも「しんゆう」と読むのだが、要は心を許せる相手か、信じるに値する人物か、あるいは神様のように助けてくれる友達なのかを互いに探り合い、確認しつづける故だろう。

楽しく盛り上がれる関係性が、別の面ではもろく壊れやすい。いつでも誰かとつながれる一方で、誰からも選んでもらえないリスクと不安も抱える。それを痛感しているからこそ、子どもたちは「イツメン」とのつながりに固執せざるを得ないのだ。

「つながりの格差」が子どもを追い詰める

さらに土井教授は「つながりの格差」も指摘する。友達の数、言い換えればいかに多くの人間関係を得ているかが「人としての価値」に直結するという。

「友達がいないというのは、要するに誰からも選んでもらえないとみなされるわけです。『ぼっち（ひとりぼっち）』になるのは人間としての魅力がないからだ、と否定的な評価を下されてしまう。多くのつながりを持つ人は価値があり、そうでない人は価値がないという二元化が進んでいる上、SNSでは誰がどれくらい友達を持っているか一目でわかります。このような環境では、なおさら評価を気にせざるを得ません」

ツイッターのフォロワー（配信したコメントを読んでくれる人）数やフェイスブックの「いいね！（共感や同意の意思表示）」がどれくらいあるか、いつでも容易に可視化される。

おとなの世界で言えば、社員の営業成績を表す棒グラフが世間に公開されるようなものだ。

その人物を測る物差しが営業成績だけであれば、たとえ人柄が優れていても世間には「低迷する人＝ダメな人」に映るだろう。そうした表層的な評価に、今の子どもたちは絶えずさらされている。

一方で、単につながりの数が多ければいいという単純な話でもない。誰に、あるいはどのような属性に支持されているか、こちらも極めて重要なのだ。

数だけ見ればそれなりに友達がいるようでも、その友達が「暗い」とか、「キモイ」などと周囲から敬遠される人だったらどうだろうか。暗い人と友達になっていることは、当人も暗いという評価をされかねない。つまり、数だけではなく「質」も求められることになる。

たくさんの友達がいて、さらにその友達と自分がどのレベルに属するかという二重の条件が課される。そんな状況を表すもののひとつが、「学年ＬＩＮＥ」だ。

所属グループの質が評価に直結

再び菜穂さんの話に戻ろう。彼女が言う「クラスをまたいでの仲間」が学年ＬＩＮＥに当たる。菜穂さんが中学時代の状況と比べて「キツイ」と話したのは、つながりの量が増えて物理的にキツイという意味だけでなく、自分が属するグループの質が問われ、それがすなわち自身への評価に直結することも含まれる。前述したように、二重の条件が課されるからだ。

ではいったい学年LINEとは何なのか。菜穂さんによると、学校ごとに多少の違いがあるが、概ね「一学年の生徒がランク分けされ、それぞれ別のLINEグループに所属すること」だという。参加者はクラス単位ではなく、いわば学年全体の横のつながりだ。ただし、そのつながりは「ランク」によって分断される。

「学年の半分の子だけが入れて残りは入れないという場合もあるし、学年全体がいくつかのグループに振り分けられることもあります。うちの学年では、Aラン（ラン＝ランクの略）からDランまであって、Aランが最上位、Dランが最下位のグループです」

菜穂さんの学年の生徒数は約二五〇人、このうち最上位のAに所属するのが二割ほどで、残りの八割はBからDのランクになる。とはいえ、最下位のDは実質的にはグループ化しておらず、「ぼっちや、影が薄い人の吹き溜まり」だという。

「私は基本Bランにいるんですけど、一時はCランになったことがあるんです。そのときはBランからハブられた（仲間はずれになった）ことがショックで、うわぁなんで？　と結構悩みました。自分のランクが下がったってことは、まわりからそういうふうに見られてるわけだし、一回下がってからまた上がるのは少ないんですよね。しかも同じ時期に、すごく仲良くしてた子がAランに入ったんです。お互い、なんか気まずくなっちゃって、あんまり絡まなく（付き合わなく）なりました」

同じ学年の生徒が分断され、それぞれ別のグループを作り、しかもそのグループに入れたり追い出されたりする。どうやってこんな仕組みを成り立たせているのかと言えば、LINEのグループが「招待制」を取っているからだ。

たとえばAランクのグループに入るためには、すでにそこに所属している生徒とLINEで「友達」になった上で、「Aランに入りませんか？」と招待してもらわなければならない。逆に、一度入ったグループから突然「退会」させられることもある。おまけに、誰が新規参加したか、途中で退会したかは、グループの所属メンバーすべてに把握されるのだ。

入りたいから入れるものではなく、残りたくても残れない。不安定かつ流動的なつながりだけでも、精神的には十分堪えるものだろう。しかも、自分がどのような属性に認められるか、周囲からどんなふうに見られているかというシビアな現実に直面することになる。

「スクールカースト」によるランク付け

それにしてもなぜこのようなランク分けがされるのか。ここで取り上げたいのが「スクールカースト」という言葉だ。

カーストとは、インド社会で歴史的に形成された身分制度を指す。階層ごとに職業や結婚、慣習、居住地など厳格な規制があり、差別の温床になっているものだ。スクールカーストは、こうした身分制度に似た小集団が学校内で形成され、生徒間の階層化、ヒエラルキー（序列）が生じる現象を意味する。

二〇〇〇年代後半、教室内で下位グループに所属していた子どもたちが、インターネット上に「インドのカースト制度のように階層化が進んでいる」という声を書き込んだのがはじまりとされているが、広く認知されたきっかけは『教室《スクール》内カースト』（光文社新書）という本だろう。

同書は二〇一二年、東京大学社会科学研究所研究員（当時）の鈴木翔氏によって書かれたものだ。この中で鈴木氏はスクールカーストを、同学年で対等なはずなのに、「あの子たちは上で、あの子たちは下」という序列を生徒たちが認識・共有すること、と定義している。

さらに序列化の条件として、次のような項目を挙げた。

・上位　恋愛や性経験が豊富、異性からの評価が高い、にぎやか、気が強い、仕切り屋、清楚、容姿がいい、外見に気を遣う、サッカー部など目立つ運動部に所属して活躍している

・下位　地味、おとなしい

下位に際立った特徴がないのは、こうした序列化があくまでも生徒たちの認識によるからだろう。たとえば「地味」という項目なら、そもそも周囲からたいして認識されていないことになるから、特徴的なものが挙げにくい。

つまり、生徒間のランク分けには確固たる根拠があるわけではない。むしろ、集団内の空気や個人の主観によっていかようにも左右されると言えるだろう。

こうした背景を考えたとき、それこそ学年ＬＩＮＥのようなランク分けはますます不安

定化する。先の菜穂さんのケースで言えば、どういう理由でBからCになったのか、CからBへと戻ることができたのか、当人にははっきりわからない。唯一思い当たるのは、「まわりからそういうふうに見られている」というものだ。

仮に菜穂さんの考えが正しいとするなら、これは恐ろしい話ではないだろうか。自分の評価は集団の空気次第、しかもその評価はスマホを通じて多くの生徒に共有されてしまう。「あの子たちは上で、あの子たちは下」という共通認識が簡単に広まり、階層は否応なく固定化していく。

「まわりに嫌われないことが大事」

菜穂さんの紹介で、私立大学付属高校に通う真由子さん（仮名）に話を聞いた。同じ二年生だが、小柄で童顔のせいかどことなく幼い雰囲気だ。手にしたスマホのケースには、ウサギの耳を模した大きな飾りがついている。

真由子さんの高校には一軍（前出のランクに当たるもの）から三軍に分けられた学年ＬＩＮＥがある。彼女は一軍に所属するが、序列については先のスクールカーストの項目は当てはまらないという。むしろ「えっ？　それって古い」と苦笑した。

「まぁリアルだったら、気が強いとか仕切り屋さんが実権握るのはわかるんですけど、SNS通じた関係だとそういう人はかえって引かれちゃうと思いますね。出しゃばるとウザイって反応になるし、彼氏自慢とかのリア充（現実生活が充実している人）は、ウケるどころか別のところでやってくれって感じです」

ではどういう生徒のランクが高いのか。真由子さんによると、マメで親切、頭がいいという優等生タイプと、情報通でコミュ力（コミュニケーション能力）が高い人が上位に位置しやすい。聞き上手でうまく立ち回れるような人も評価され、真由子さんは自分をこのタイプだと考えている。

優等生が上位とは意外な気もするが、ここにはスマホがインフラ化している高校生たちの事情がある。ＬＩＮＥなどのＳＮＳを介して一緒に宿題をやったり、テスト勉強をするからだ。

「頭がよくて親切な子は、みんなの勉強を見てくれるんです。自分のノートを（画像や動画で）公開してくれることもあるし、テスト前には想定問答集みたいなものを作ってくれることもある。マメに気を遣うわりには押しつけがましくないので、みんなに頼りにされて人気があります。あと、ＩＴや機械に詳しい理系っぽい子もそれなりにウケてますよ。

スマホの不具合とかがあったときに、すぐ相談に乗ってくれたりするので。神対応（すばらしい対応）なんかされると、みんなの見る目が一気に変わります」

単に優等生という話ではなく、「周囲へのサービス精神」を持っていることが重視される。スマホ関連の知識を有する生徒が高く評価されるのは、いかにも現代的と言えるだろう。

一方、情報通でコミュ力が高い人はファッションや芸能ニュースに明るかったり、画像加工アプリで「変顔写真」を公開したりと周囲を楽しませる。これは「聞き上手」にも通じるが、要は仲間に対して気配りができ、集団の空気を乱さない生徒のほうが上なのだ。

「学年LINEもそうだし、学校以外のSNSつながりもそうだけど、私が、私が、というタイプの人は上に来ませんね。調整力があり、穏やかでさわやかなタイプのほうが好感度は高いです。SNSでは、とにかくまわりから嫌われないことがすごく大事。ただ、これが結構むずかしくて神経すり減るんですよ。どこに地雷が埋まっているかわからないし、絶えず空気を読みつづけていなくちゃならない。自分の気持ちとかは関係なく、みんなが求める自分像をせっせと探って、そこに合わせるんです」

真由子さんは、生徒間の序列そのものよりも、一旦所属した中で空気を読みつづけることのほうがつらいという。「自分の気持ちは関係なく、みんなが求める自分像」を作りながら過ごす毎日。しかもそれは、深夜だろうと食事中だろうと、誰かとつながってしまう日々なのだ。

前出の土井隆義教授の著作、『つながりを煽られる子どもたち』の中に、今の子どもたちが抱える問題を象徴的に表したエピソードが紹介されている。一部文章を再構成の上、挙げてみよう。

――仲良しグループが学校の放課後にファミリーレストランに行き、軽食とともにフリードリンクを頼もうという話になった。そのとき、家計が苦しく小遣いの少ない子どもだけが「水」で済ませたところ、翌日から一切の誘いを受けなくなった。

おとなからすると「仲間はずれ」や「差別」と感じるだろうが、彼らの感覚は違う。自分たちのフラットな関係の秩序を乱した人間に対する正当防衛なのだ。

みんなでフリードリンクを頼んでいるときに、ひとりだけ水を飲んでいる友達の姿を、周囲の客からジロジロ見られて恥ずかしかった、それが彼らの言い分だ――。

このエピソードは、真由子さんが話した内容と一致する。「自分の気持ちは関係なく、みんなが求める自分像」を崩せば、それは集団の秩序を乱したことになり、たちまち排除につながる。しかも、排除した側はその行為を「正当」とみなすのだ。

スマホゲームのユーザーは低年齢化

ここまで女子高校生のケースを紹介してきたが、では男子はどうだろうか。コミュニケーションが重視される女子と比べ、取材した男子からは動画やゲームなどの利用が多いという印象を受ける。いずれもひとりで楽しめるものだが、一方でゲームの場合は「依存」が問題視されることが少なくない。

ゲーム依存が注目されはじめたのは、二〇〇〇年代初頭である。当時、パソコンを通じて行うオンラインゲーム（ネットゲーム）が人気を集め、若者を中心に過度な利用が顕著になった。

オンラインゲームとはインターネット上で進行するもので、ひとりでも、複数でも楽しめる。数百人、ときには数千人のプレイヤーが同じゲーム内でチームごとに分かれて戦うことも珍しくない。作戦、戦闘、競争、協力、団結などのドラマ性に富み、プレイヤー同士がゲーム上で熱く交流する。

私はかつて、ゲーム依存に陥った人たち、特に「廃人」とまで呼ばれる人たちを取材した。廃人とは、ゲームに没頭するあまり家庭や社会生活を破たんさせてしまう人を指す。まともに眠らず、食事はインスタント食品で済ませ、家に引きこもったままパソコンに向かいつづけるケースもある。とはいえ、単に蔑みの意味でもない。

尊敬や羨望など、「廃人」に至るまでゲームを極めた人に対する敬意を込めて使われることがある。現に廃人は「廃神」とも言われ、究極のスキルを持つ人として、ゲーム内では神のような扱いを受けるのだ。

こうした状況を大きく変えたのが、スマホゲームの台頭である。なかでも、二〇一二年にガンホー・オンライン・エンターテイメント株式会社が提供を開始したゲームアプリ『パズル&ドラゴンズ（パズドラ）』は、二〇一六年三月に国内での累計ダウンロード数が四一〇〇万を記録するメガヒット作となった。

提供開始の翌年、運営会社が『パズドラ』のゲーム大会を開催した。ここで並み居る強豪を退けて決勝進出を果たした「パズドラ猛者」は、一二歳、一三歳、一五歳の小中学生だった。スマホゲームの登場によってユーザーの低年齢化が急速に進み、しかも高いゲームスキルを得ていることを表す好例だ。

当然ながら依存の問題は無視できないが、これには二つの面が考えられる。ひとつはゲームそのものに対する依存、要はゲームに熱中するあまりやめられなくなり、心身の健康や生活上に多大な影響が出るという問題だ。この問題に関しては第3章で詳しく述べたい。

もうひとつは、ゲーム内での人間関係への依存である。一緒にゲームを進めたり、成果を競い合う仲間との関係にハマり、どうにも抜け出せなくなる。

ゲームに闘争心を燃やす高校生

パソコンで行うオンラインゲームとスマホゲームを比べると、前者がヘビー、後者はライトなユーザーが多いと言われる。

パソコンとスマホでは画面のサイズや操作性が大きく異なる上、有料か無料かという違いもある。パソコンの場合はヘビーユーザーを念頭に、クオリティや難易度の高いゲームが主流だ。このため有料で配信されるものが少なくない。

一方のスマホゲームは「いつでもどこでもできる」という条件が重視される。空き時間に軽く遊んでみる、ゲーム初心者でも気楽に楽しめる、こんな使い方を想定しているため無料のゲームが多く提供されている。

また、スマホゲームは、「ソーシャルゲーム」という形を生み出した。ソーシャルゲームとは元来、ＳＮＳ上で配信されるゲームの総称である。かつてはミクシィやグリー、モバゲー、フェイスブックなどのＳＮＳに会員登録した人同士が遊ぶという意味合いだった。

それが二〇一〇年代に入り、スマホにゲームアプリを直接ダウンロードして遊ぶ形が急速に広まった。わざわざ特定のＳＮＳに参加しなくても、ゲームアプリの中にＳＮＳ機能が組み込まれ、参加者同士が一緒に遊んだり、対戦できたりする。こうしたスマホゲームは「ソシャゲ（ソーシャルゲームの略）」と呼ばれ、いつでもどこでもに加えて、誰とでも気軽に楽しめるようになった。

実際にどのような楽しみ方をしているのか、埼玉県の公立高校一年生・翔太さん（仮名）に話を聞くと、「ゲーム自体も楽しいけど、やっぱりみんなと絡めるのがいい」と言う。

「通学の往復、帰宅後や休日はほぼやってます。平均すると一日四、五時間くらいかな。対戦型とかカードバトル、ＲＰＧ（ロールプレイングゲーム＝自分がキャラクターになり、冒険や戦闘などをするゲーム）、旧作と新作交えていろいろ遊んでます」

何がそんなに楽しいのかを尋ねると、三つの理由を挙げた。ランキングと仲間からの称賛、それに闘争心だ。

ソーシャルゲームは、ゲームの進行状況や対戦成績、勝敗の結果などを参加者同士が共有する。互いの状況が見えるだけでなく、チャットやメッセージで「会話」をしながら楽しむこともできる。スマホで文字を打ち込むと、マンガの吹き出しやテレビ番組のテロップのような形でゲーム上に表示されるのだ。

翔太さんのランキングが上がれば、それはほかの参加者に把握され、「すごい」、「おめでとう」といったメッセージが次々に寄せられる。つまり、ゲーム内容と仲間とのつながりが同時進行する。

「リアルの僕は受け身のタイプです。中学時代にはまわりからイジられたし、高校に入ってからもどっちかと言えば影が薄いほうですね。ただ、ソシャゲを通じての友達は軽く三〇〇人くらいいます。僕のゲームスキルが高いせいもあるし、闘争心丸出しで激しくやってるので、その部分もウケてるかな。強いゲーマーには自然と人が寄ってくるんですよ」

翔太さんは現実生活とゲーム上で、性格や言葉、態度を大きく変えている。学校内では受け身だが、ゲームでは戦闘リーダーや指揮官を務め、ときには仲間を激しく罵倒することもある。女の子に対しても同様で、実生活では表面的な交流しかないが、ソシャゲでは積極的に話しかける。一緒に遊んだことを機に、ＳＮＳで交流する女子中高校生が三〇人ほどいるという。

ゲーム仲間とSNSでも交流

ゲーム会社のエンターブレインが公表した『SNSアプリユーザー行動心理レポート』（二〇一二年四月）によると、ソーシャルゲームをつづける理由（複数回答）のトップは「モノを集めたい」（三〇・八％）だが、これに「人とつながりたい」（二〇・三％）、「人に勝ちたい」（一八・九％）がつづく。

実際に翔太さんはソーシャルゲームで三〇〇人の仲間を得ているが、そのつながりはゲーム内にとどまらない。LINEやツイッターといったSNSも駆使して、どんどん人の輪が広がっていく。

「ソシャゲ内のチャットはゲームにログインしていないとできないんです。でも常時やるわけにはいかないし、一緒に遊んでいた仲間が途中で抜けてしまうこともある。ゲームとは関係なく絡みたい、みんなで盛り上がりたい場合も多いので、LINEやツイッターを使って交流するんです。特にツイッターでは、団員（ゲーム仲間）募集したり、ゲームの実況中継をやったりします。知らない人が興味を示して反応し、仲間になることも多いので、よけい楽しいですね」

　翔太さんが言うように、ツイッターなどのSNS上ではソーシャルゲームのメンバーを募集する書き込みが散見される。

〈グランブルーファンタジーの団員募集してます！　今回の古戦場では大健闘！　全員モチベも高いので、興味ある方はぜひ声をかけてください〉、こんなふうに呼びかけ新規メンバーを集めるのだ。

　ゲームに加え、LINEやツイッターでも誰かとつながるとなれば、ますますスマホが手放せない。翔太さんは「一日四、五時間」という利用時間を挙げたが、それはあくまでもゲームに限ったことだ。仲間とSNSで盛り上がれば、たちまち数時間が費やされる。気づけば明け方近くなり、重い頭と体を引きずるようにして登校する日もある。

　それでもソシャゲをやめることは考えられないという。強い自分が評価されることもうれしいが、なにより「仲間を裏切れない」と思うからだ。

「頼られているぶん、やっぱり期待に応えたい。僕にとってのソシャゲはただのゲームではなく、気持ち的には任務に近いものなんです。ゲームを通じて結びついたみんなの力になりたいし、みんながいるからもっとがんばれるんじゃないかと思っている。疲れるとか、しんどいとか、自分のことは考えていられませんよ」

「ノルマ」達成のために万引き

翔太さんの例からもわかるように、ソーシャルゲームは単に「ゲームで遊ぶ」ことではない。ゲームを通じて仲間を作り、その仲間とゲーム以外の場所でも交流し、さらにあらたな仲間を獲得しようとする。ひとりでスマホに向き合っているようでいて、実際には多くの人とコミュニケーションを取り、楽しさを共有しているのだ。

とはいえ、そのつながりがいつも楽しいとは限らない。ゲーム会社間の競争やユーザーの要求が高まっていることを背景に、最近ではハイレベルのソーシャルゲームが続々と提供されている。難易度が増したゲームでは、スキルの高い参加者が集まってチームを組み、いわば団体戦で進行するものも多い。

そうしたチームの一部では、参加者に「ノルマ」が課せられる。各自が獲得するゲームポイントの目標数値が設定されていたり、チーム力を強化するための努力が求められるのだ。

ノルマを達成するためには、大きく二つの方法がある。ひとつは時間、とにかく長時間ゲームをつづけて目標数値へ到達する。もうひとつは課金、つまりゲーム内で使うアイテム（道具や装備品）などを有料で購入し、それによって進行を早めたりキャラクターを強化したりする。

どちらにしても負担を強いられるから、ソーシャルゲーム＝楽しいという話では済まない。ノルマの達成に追われ、大切な時間やお金をどんどん費やしてしまうケースもある。

関東地方の公立中学校に勤務する男性教師（四三歳）は、担任する三年生のクラスで起きた事件に衝撃を受けた。「ごくふつうの子」と思っていた男子生徒が、同級生のサイフから現金を抜き取ったり、公共施設などで置き引き行為をしていたのだ。

被害金額は数万円程度だったが、犯行の理由に仰天した。「スマホゲームのノルマ達成のために、課金するお金が必要だった」と話したからだ。

「私自身、スマホでゲームなどやったことがないので、当初は生徒の話を聞いても何のことかさっぱりわかりませんでした。詳しい事情を説明され、その内容にビックリしましたね。ゲームで組んでいるチーム内に毎日こなさなければならないノルマがあって、それを達成できないと怒られるという。そんなノルマは無視すればいい、ゲームなんかやめればよかったじゃないかと説教したら、仲間からどんどん連絡が来るから無理だと言うんです」

前述のとおり、団体戦で進行するようなソーシャルゲームは、ツイッターやLINEなどゲーム以外の場所でも交流がつづく。〈今、何してる？〉、〈歩いてるよ〉といったふうに常時メッセージ交換ができるのだ。

こうした仕組みによって仲間同士のつながりが強まるわけだが、逆に言えばいつでも束縛され、離れようにも簡単には離れられないことになる。

「中学校ではスマホの持ち込みが禁止されていますから、校内では使えません。男子生徒が帰宅後にSNSをチェックすると、ゲーム仲間からノルマ達成を催促するメッセージが何十通も入っていたそうです。キツイ言葉で催促されると、とにかく早くゲームを進めなくてはと焦ってしまう。課金するにもお小遣いだけでは到底間に合わなくなり、結局は犯行に走ったというわけです」

まさかこんな状況だとは思いもしなかった、そう男性教師は嘆息したが、ソーシャルゲームでの課金は社会問題にまでなっている。その一例が「ガチャ」と呼ばれる課金システムだ。

無料ゲームの課金戦略

ガチャとは、レバーを回しておもちゃなどのカプセルを出す「ガチャガチャ」に由来する。プレイヤーはアイテムや当たりクジを手に入れるために一回数百円のガチャを回しつづけ、多額の課金をする例が後を絶たない。

あるソーシャルゲームでは、レア（希少）なキャラクターの出現率がアップするという名目でガチャを提供している。ところが数十万円をつぎ込んでも獲得できないケースが相次ぎ、ネット掲示板などで激しい批判が巻き起こった。

課金の背景にはプレイヤー個人の射幸心が影響すると言われるが、そもそも対戦相手や競合する人がいなければそこまでのめり込むこともないだろう。誰かとつながり、互いのスキルやランキングを競う以上、勝ちたい、もっと上に行きたいという気持ちも一層強まってしまう。

こうした仕組みは、実のところゲーム会社の戦略に深く関わっている。スマホで遊ぶゲームは無料のものが圧倒的に多いが、ゲーム会社にすれば収益を確保しないとビジネスとして成り立たない。そのためには課金、つまり有料の方法を選択してくれるユーザーを増やす必要がある。

あるソーシャルゲーム会社の内部資料によると、ユーザーを課金へと導く有効な方法として次のものが上げられている。

・コミュニケーション　プレイヤー同士がチャットなどであいさつを交わしたりメッセージ交換する
・コミュニティ　ギルド、クラン、パーティー（著者注：いずれもゲーム上のチーム、集団）などリーダーが率いる組織
・プレイヤー同士のつながり　トレード、マーケット（著者注：アイテムやゲームコインなどを交換する場所）
・共同作業　ほかのプレイヤーと一緒に戦わないと倒せないボスなどを設定
・自己顕示欲　キャラクターの装備品や装着品の着せ替え、所有するアイテムの表示
・集団内での位置　ランキングやレベルでプレイヤーの力がわかる

これらはいずれも、他者との関わりや力関係を意識したものだ。先のスクールカーストにもつながるが、「あの子たちは上で、あの子たちは下」というランク分けが集団内では

っきりと示される。

さらに個人を「リーダーが率いる組織」に所属させ、組織内での結びつきや協力態勢を設ける。こうしてノルマのような現象も生まれるわけだ。

仲間との関係性を維持するために無理をしてでもゲームにのめり込むが、やがて精神的に追い詰められ、現実生活を破たんさせるケースも増えている。

「ソシャゲ廃人」から要求された謝罪

東京都に住む隆弘さん（仮名）は現在一九歳、ときおり単発のアルバイトをする以外は自宅に引きこもっている。

二年前まで通っていた高校は進学校で、同級生の多くが国公立や有名私立大学に入学した。当初は隆弘さんも一流大学への進学を目指していたが、実際には三年生への進級を前に中退する。高校生活が暗転したきっかけは、ソーシャルゲームをはじめたことだ。

「二年生になってから勉強についていけなくなり、成績がどんどん下降しました。つい現実逃避したくなって、ソシャゲをはじめたんです。最初は軽く遊ぶ程度だったんですが、メンバー募集されていたギルドに入ってからは状況が一変しました。そのギルドは社会人が多くて、みんなバンバン課金するんです。僕はそこまでお金がないので、課金できないぶん時間をかけていくしかない。そういう僕をほかのメンバーが助けてくれたり、アイテムをプレゼントしてくれる。優しくされるとうれしいし、年上の人たちとの交流にも刺激があって、あっという間に夢中になりました」

隆弘さんが所属したギルドには二五歳のマスター（リーダー）がいた。ゲームの攻略法に詳しく、課金額も突出する。冗談で「ソシャゲ廃人」と自称する人だったが、隆弘さんには頼れるアニキのように感じられた。「ギルド掲示板」というメンバー専用の掲示板があり、互いにさまざまな話題を書き込んでは楽しい交流がつづいた。

ところが半年ほど経ったとき、突然マスターから謝罪を要求される。「努力が足りず、本気度が見えない」というのだ。

「メンバーから助けてもらっていたし、マスターには逆らえないのですぐに謝りました。でも、僕の欠点を次々と挙げ、しつこく罵倒されるんです。今から考えたら、その時点で抜ければよかったけど、当時はひたすら自分を責めました。僕のせいでみんなに迷惑をかけている、少しでも挽回しなくてはと。ギルドへの貢献度を上げるために課金を増やし、もっと長い時間つづけるようになりました」

「参考書を買う」、「スマホが壊れて修理代が必要」、そんな名目で祖父母からたびたびお金をもらい、すべて課金につぎ込んだ。それでなくても下降していた成績は最低ランクにまで落ち込み、遅刻や欠席も増える一方だった。

むろん、両親や教師からは繰り返し叱責されていた。スマホを取り上げられ、自宅のインターネット回線を遮断されたりしたが、隆弘さんはそのたびに荒れた。部屋中のモノを手当たり次第に投げつけ、「今、この場で首を吊ってやる！」と叫んだこともある。

なぜそこまでに至ったのか、当時を振り返って「マインドコントロール」という言葉を使った。

「ギルドでけなされて、でも自分なりにがんばると今度は一転してみんなにほめられる。実際にスキルも上がるし、はっきりと成果が見えるわけですよ。リアルの世界は努力したからって報われるものじゃないけど、ソシャゲはやったぶんだけ報われる。反対にやらなきゃクズ扱いです。自分ひとりで楽しんでいるなら適当に切り上げることもできるだろうけど、集団内ではみんなからの評価によって精神的にハイになったり落ちたりする。そういうコントロールにハマってしまったと思います」

やったぶんだけ報われる、評価されると信じ込めば、「やらない」という発想はむずかしい。ソシャゲを邪魔されることは不満や怒りを巻き起こし、激しい行為に結びついた。

ギルド解散で放心状態に

高校二年生の冬、昼夜逆転生活に陥った隆弘さんは、両親に引きずられるようにして近くの心療内科を受診する。その際、医師から「ソシャゲ？　はじめて聞いたけどそれ何？」、「そんなものに熱中して何になるの？」と冷笑された。

親も、学校の教師も、世間も、「自分のがんばりを全然わかってくれない」と落胆し、唯一の理解者であるギルドの仲間への傾倒が深まった。

高校を中退する羽目になり、ますますゲームに没頭した。隆弘さんが中退したことを知ったマスターからは、「次のギルマス（ギルドマスター）だね」と言われる。要は後継者に指名されたのだ。

ところが、隆弘さんは次第に仲間との関係がうまくいかなくなる。現実生活からドロップアウトしたせいか、それとも後継者にと期待されたせいか、メンバー間の協力態勢や言葉のやりとりが気になって仕方ない。仲間が些細なミスをしたり、スキル不足を感じるとイライラする。一日に何度も掲示板で愚痴をこぼし、ときには暴言を吐くこともあった。

　隆弘さんの態度に、仲間は引いていく。ある日突然マスターが「ギルド解散」を宣言、掲示板は閉鎖された。それまではツイッターなどのSNSでも交流していたが、仲間全員からブロック（拒否）され、一切の連絡が取れなくなった。

「頭が真っ白になり、同時に気持ちがプツンと切れました。あんなに必死にやったのに、なんだこれ？　そういう放心状態。仲間に裏切られたという憎しみもあったけど、それよりも、ああ終わった、そんな脱力感のほうが大きかったです」

　思わぬ形でソシャゲと離れることになり、集団内でのマインドコントロールからも解放された。だからといって、現実生活で失ったものは返ってこない。現状では「高校中退」という学歴しかなく、不規則な生活がたたって体力にも不安がある。簡単なアルバイト探しにも苦労する日々だ。

　両親からは午前中のみ授業を行うフリースクールへの復学を勧められているが、隆弘さんはなかなか決断できない。誰かと関わって、「仲良くしよう」とか、「一緒にがんばろう」とか、そういう空気感を今は味わいたくないという。

「インフラ」を取り上げても解決しない

ネット依存に関するアドバイスを行う『エンジェルズアイズ』代表の遠藤美季氏は、「子どもたちのスマホ利用や依存の問題は、一般的に誤解されている」と話す。

「子どもがスマホでLINEやゲームに熱中しているとなったとき、悪いのはLINEでありゲームだと思われがちです。おとなはLINEをやめろ、ゲームで遊ぶなと言い、それで問題が解決すると考えています。でも、本質はそこではありません。友達や仲間との関係性、コミュニケーション、日常の生活そのものがスマホなくしては成り立たなくなっているのです」

自在にスマホを操り、夢中で操作する子どもの姿を見れば、「楽しいからやめられないのだ」と感じられる。その楽しさを取り上げれば、多少の反発はあるにせよ、子どもの問題は解決すると思う人も多いだろう。

だが、実際にはそう単純ではない。楽しければ楽しいなりに、スマホを使えない不安は大きくなる。仮にLINEをやめてしまえば仲間とのコミュニケーションが絶たれ、たちまち孤立する。

単に「ぼっち」になるだけでなく、たとえばクラスや部活動の連絡網からはずされてしまう。集合場所や練習予定を教えてもらえない、そんな事態も起きている。その上、「誰からも相手にされない人」という否定的評価を下されるのだ。

「良し悪しは別問題として、スマホは子どもにとってインフラです。友達同士の交流だけでなく、学習アプリで勉強する、音楽や動画を楽しむ、情報収集や情報発信などあらゆる面で生活に密着しています。無意識のうちにスマホをいじる、ついダラダラと使いつづける、それは多くの青少年にとって自然な行為であり、生活習慣とも言えるでしょう。SNSやゲームに依存するというと特異なケースに感じられるかもしれませんが、そんなことはありません。いつの間にか依存していた、楽しかったはずがなぜかつらくなった、やめたいのにやめられない、そういう子どものほうが多いのです」

特にここ最近は、「やめたいのにやめられない」という子どもが増えているという。

前述したように、スマホを利用することで子どもたちの関係性は自由になった。SNSやソーシャルゲームでは誰とでも簡単に友達になれるが、一方で相手も同じ自由、広い選択肢を持っている。

いつなんどき相手に選ばれなくなるかわからない、そんな不安がつきまとうから、互いの親密さを確認しつづける必要がある。そのためには、つながりの中に入っていなければならないのだ。

同調圧力に押しつぶされる子どもたち

こうした子どもたちの背景には、親や社会からのプレッシャーもあるだろう。親は子どもに、友達をたくさん作りなさい、仲良くしなさい、みんなと同じようにやりなさいと言いつづける。社会も同様で、「絆」や「和」を重んじ、同調性を求めがちだ。

こうした同調圧力は、ネット上では一段と過熱する。その一例が「不謹慎狩り」だ。たとえば大きな災害が起きた際、ＳＮＳに楽しそうな投稿をすると「被災した人がいるのに不謹慎だ」と非難される。たとえ被災した当事者であっても、「避難所にいるのに化粧をしていたバカ女」などと罵られ、不謹慎狩りの対象になってしまう。

個々の状況がどうであれ、「みんなが求める空気」に合わせなければ、たちまちバッシングの嵐だ。ときには非難だけでは収まらず、氏名や学校名がさらされたり、企業であれば不買運動にまで発展する。

おまけに糾弾する側は、それを正義と捉えている。同調しない者を排除することは正当な行為であり、「運命共同体」のような圧力をかけてくる。

前出の女子高校生・真由子さんが話したことを再度挙げてみよう。

「SNSでは、とにかくまわりから嫌われないことがすごく大事」

「自分の気持ちとかは関係なく、みんなが求める自分像をせっせと探って、そこに合わせるんです」

彼女は不謹慎狩りという言葉こそ使わなかったが、言っていることは同様だ。周囲と同調できない人間は、容赦なく「狩られて」しまうのである。

こんな世界を、今の子どもたちは生きている。スマホを手にして、仲間と楽しげに笑い、一緒に盛り上がっている裏側で、いつなんどき地獄に落ちるかもしれない不安を抱えている。

それでもスマホなくしては、日常生活が成り立たない。やめたくてもやめられず、つながりの中で絶えず空気を読みつづけ、ますますスマホから離れられなくなっていく。

第3章 すきま時間を埋めたくなる心理

なんとなくスマホをいじってしまう

「ながらスマホ」なる言葉が定着しつつある。テレビを観ながら、ご飯を食べながら、歩きながら、電車やバスを待ちながら――、生活のあらゆる場面でスマホを手にする人が増えている。

むろん、目的があって使う人も多いだろう。メールの返信をしなくてはならないとか、調べたいことがあって検索するとか、「今、自分はこのためにスマホを使っている」と意識しながら使う場面は確かにある。

一方で、特に理由もなく使っている、なんとなくスマホをいじっていた、そんな状態も少なくない。たとえば電車を待つほんの数分の間、ただホームに立っているということがなく、スマホを取り出しては操作する。結果的にスマホを利用する時間が長くなり、しかも必要のないときにまで使うという状況に陥る。

MMD研究所がスマートフォンを所有する一五歳~五九歳（五五三人）を対象に行った『2016年スマホ依存に関する調査』（二〇一六年五月）によると、一〇代の二一・六%、二〇代の二六・四%、三〇代では二一・八%が「かなり依存している」という自覚を持っていた。

さらに、「かなり依存している」人たちの約二割は、スマホの利用時間が「七時間以上」と回答した。

「トイレにスマホ」が二割

同調査で注目したいのが、「スマホ依存度チェック」である。どのようなとき、場面でスマホを使っているかを尋ねたものだが（複数回答）、もっとも多かった回答は「ちょっとした待ち時間にスマホをいじる」の六二・二％だ。いわゆる「すきま時間」にスマホを操作する実態が浮き彫りとなった。

また、「移動中、スマホを持ち歩きチェックしている」が三七・八％、「トイレに行くとき、必ずスマホを持っていく」が二二・八％、「食事中でもスマホを見ることが習慣になっている」が一五・九％と、まさに「ながらスマホ」が浸透している。

いったいなぜ、わずかなすきま時間を埋めたくなるのだろうか。無意識のうちにのめり込み、気づけば離れられなくなっている背景にどんな理由があるのか、いくつかの観点から探ってみよう。

ただし、ここで取り上げるのはあくまでも「背景として推察されるもの」であり、スマホに依存する確たる要因とまでは言えない。第1章でも述べたようにスマホは新しい機器であり、過度な利用が私たちの心身、生活にどのような影響を与えるのか、長期的な研究結果やエビデンスはないからだ。

数年前から「ネット依存」に関する調査や研究は徐々に行われているが、これもパソコンで行うオンラインゲームの依存者を主としている。パソコンとスマホでは、携帯性や操作性などに大きな違いがあるため、ネット依存の要因がそのままスマホに当てはまるとは限らない。

従って、従来から研究されている薬物やアルコールに依存する人の心理、ここ数年のネット依存者への調査結果を踏まえつつ、スマホ特有の利便性なども考慮して「なぜスマホにのめり込んでしまうのか」という背景を推察することとしたい。

スマホ依存の三要因

『依存症のすべて』（講談社）など多くの著作を持ち、薬物やアルコール依存の問題に詳しい医学博士・廣中直行氏は、人がスマホにのめり込む理由として考えられるものを次のように解説する。

「私はスマホ依存の背景に大きく三つの要因があると思います。ひとつは手軽であること。次に身体感覚とマッチすること。さらに感覚への刺激が得られやすいことです」

廣中氏が挙げた三つの要因をそれぞれ説明していこう。まず「手軽である」ことについては、タバコやアルコールなどへの依存を考えるとわかりやすい。簡単に手に入る、つまり入手可能性が高いことは依存の大きな要因とされている。

廣中氏はかつて喫煙者を対象にタバコを使った実験を行った。実験の目的は、人がどんなときにタバコを吸いたくなるのかを調べること。具体的には被験者がタバコを吸おうとする際、携帯電話に入っているアプリのボタンを押してもらい、時刻を記録した上でそのときの情景や気分を伝えてもらう。所要時間は三〇秒もかからない。

「タバコを吸うな」と要求したわけではなく、ワンステップ余計な手間がかかるだけだったが、たったこれだけで被験者の喫煙頻度はグンと減った。しかも、実験終了後のしばらくの間、喫煙頻度は下がったままだったという。

「このような状態は、喫煙に限ったことではないのです。たとえば食べ過ぎてしまう、過食という例でも同様です。袋を破り、手でつまんですぐに口に入れられるスナック菓子を食べ過ぎる人も、一個ずつ硬い殻を割らないと食べられないピスタチオのような食べ物の場合は食べる量が減ります。つまり手間を要すれば依存しにくくなりますが、逆にスマホのように簡単に使えるものはのめり込みやすくなる。日常生活に深く浸透し、すぐに手に入るものを断ち切るのは実にむずかしいのです」

スマホは手のひらに収まり、しかも軽い。「手軽」という言葉がそのまま当てはまるだけでなく、日常生活のさまざまな場面で利用することが当然視されている。それこそ満員の通勤電車で喫煙や飲酒はできないが、スマホを使っても特に支障もなく、手軽さにプラスして「気軽」でもある。

一方、パソコンの場合はどうだろう。机の前に座り、電源を押したり、マウスの操作をしたりと一定の手間がかかる。トイレに持ち込む、歩きながら使う、片手だけで操作するようなこともむずかしい。スマホが袋を破るだけで簡単につまめるスナック菓子だとしたら、パソコンは堅い殻のついたピスタチオと言えるだろう。

そう考えると、パソコンを使っての「ネット依存」よりも、「スマホ依存」のほうが対象者はより広くなる可能性が高い。日常生活に深く浸透したスマホは気づかぬうちに私たちを取り込み、心身を壊すツールになっていくかもしれない。

依存症の本質は「欲しい」と感じる強い欲求

二つ目の要因である「身体感覚とマッチする」ことについて、廣中氏はこう語る。

「スマホの操作は体の動き、特に指の動きと連動します。指で画面をタップ（軽く叩く）したり、スライド（横にすべらせる）することで簡単に使えるわけです。動作の記憶は脳内の線条体という場所に取り込まれ、意識しなくてもできるようになります。やがてその動作は、日常的な習慣となっていきます」

指や手足など体の一部を使って行う動作が身に付くと、私たちはそれを意識せずに行うことができる。たとえば自転車に乗るという動作なら、一度ハンドル操作やバランス感覚を身に付けてしまえば、あとは特に意識しなくても乗りつづけることができる。

同様に、スマホも「指でさわったり押すだけで使える」ことが記憶されれば、それ以降は無意識のうちに使えるようになる。

「パソコンの開発初期段階では、操作するのにいちいち既定のコマンドを打ち込んでいたのです。その後、マウスで簡単に操作できるようになって爆発的に普及していった。スマホはさらに進んで、指による操作で済みます。指の動きと連動してスマホが動く、これなら機械に詳しくない幼児や高齢者でも簡単に覚えられるし、誰でも習慣化していくことが考えられます。単に習慣になるだけなら問題とは言えませんが、スマホを使うと刺激や快感が得られやすい。おもしろい、楽しい、すごいことが起きるかもしれないと期待してしまう。すると単なる習慣では収まらず、もっと欲しい、やりたいという気持ちが大きくなっていきます」

依存症の本質は、「欲しい」と感じる強い要求だという。専門的には「強迫的な要求」と言うそうだが、激しい要求が起こり、それを自分の意思ではコントロールできない状況を指す。

スマホを利用する行為に対して、そこまでの強い要求を持つ人はそれほどいないかもしれない。従って「依存症」とまでの状況ではないにせよ、一方でスマホがないと不安を感じ、利用に歯止めがかからない人も増えている。

先の調査でも、「スマホなしで一日過ごせない」、「スマホが身近にないととても不安になる」などの回答が一定数挙がっている。また、二〇代の三九・一％、三〇代の五五・五％の人が「外出時にスマホを忘れて取りに戻ったことがある」と回答している。

あって当然、つながって当然の状況

廣中氏によると、「スマホ依存に関してははっきりわかっていませんが、ネット依存では薬物依存に比べて禁断症状の出る段階が早い」という。いったいなぜ禁断症状が早く出るのか、これは「つながっている」という感覚と関係しているようだ。

毎日使っていたパソコンが突然、不具合を起こしたとしよう。ネットにつながらない、作業中のデータが保存できない、そんな事態になったらたいていの人は焦りや不安を覚えるだろう。

ほかの仕事や作業を放り出してもまずはネット接続を回復させたい、パソコンを修復しなければ居てもたってもいられない、こんな心理に陥る。いわば一時的な禁断症状に見舞われるのは、「ネット＝常時つながっている」ことが当然の認知になっているからだ。

当然の状況がままならないことは、私たちに大きな不安を与える。不具合が起きている間に大切な情報を逃したらどうしよう、必要なメールを受信できずに信頼をなくしてしまうかもしれない、と焦るわけだ。

こうした不安こそ、「スマホなしで一日過ごせない」という思いにつながっていくのではないだろうか。情報収集、連絡、スケジュール管理、アドレス帳、交通案内など、日常生活に深く関わるものを一括管理しているからこそ、それらを失う不安もまた大きい。

アメリカの心理学者ジェームズ・ギブソンが作った「アフォーダンス」という心理学用語がある。英語の動詞アフォード（afford＝与える、できる）をもとにした造語だ。私たち人間をはじめとする生物が知る世界の「意味」は、神経の情報処理によって作られるのではなく、外界の環境の中から与えられるという仮説である。

たとえば缶飲料の自動販売機の横に、二つの丸い穴が空いた箱があるとする。穴の前に「缶を入れろ」と書かれていなくても、私たちは「あの丸い穴の中に空き缶を捨てる」、「この箱はゴミ箱だ」とわかる。これは「穴が空いているという外界の環境」が、私たちに「捨てろ」という情報をアフォード（与える）するからだ。

「アフォーダンスからスマホ利用を考えると、いちいちマニュアルなんか見なくても、画面に表示されたアプリのアイコンが、ここを押せ、と情報を与えてくれるわけです。つまりスマホは、一般的な機械や器具に比べて格段に直観的な使い方ができる。そういう意味でも身体感覚とマッチしやすいのです」

人間は退屈に耐えられない

三つ目の要因は「感覚への刺激」である。スマホを使うことは、すなわち視覚や聴覚への刺激が得られること。メッセージが着信するたびに、画面には文字やイラストが表示され、通知音が流れる。私たちはそれらを見たり聞いたりして、実に多くの刺激を得ているのだ。

そもそも人間は、単調で刺激のない生活には耐えられないという。一九五〇～六〇年代には、人工的に刺激や感覚を遮断することで人間にどのような影響が出るかという心理学的な実験が、複数の研究者によって何度も行われた。

一九五六年、心理学者のウッドバーン・ヘロンがアメリカの科学雑誌『サイエンティフィック・アメリカン』に、次のような実験結果を発表した。高額の報酬を約束され被験者となった大学生たちが、ひとりずつ個室のベッドに寝かされる。部屋には防音装置があり、無音の状態だ。彼らはゴーグルのような半透明のメガネをかけ、腕には筒状の覆いを装着し、頭にはゴム製の枕を当てられた。

こうして被験者は「静かな環境でただ寝ているだけ」という状態に置かれるが、数時間後にはイライラして落ち着きがなくなる。やがて幻覚や幻聴が現れ、独り言を言ったり、口笛を吹いたりするような行動が出た。このような行為は、刺激のない状況下で、なんとか自分で刺激を作り出そうとするからだと解釈されている。

ヘロンは結果を踏まえ「退屈の病理」という言葉を生み出したが、これらの実験は人体に与える影響、危険性から現在は禁止されている。

とはいえ、当時行われたいくつもの実験からは、人が正常な心理状態や認知機能を維持するためには刺激が必要であること、また外界からの刺激を得ようとしてみずから働きかけることが明らかになった。

それこそ長い行列に並んでいるようなとき、「何もしないでただ立っている」よりも、タバコを吸ったり、近くの人と話したり、ポケットからスマホを取り出したほうが刺激が得られやすい。

もっとも現在では、ところかまわず喫煙はできないし、見ず知らずの他人と気軽に話せるような空気感でもない。単調さや退屈な環境をまぎらわすためには、スマホが最適な方法になり得る。

「人がスマホにのめり込むのは、今の社会環境も関わっているかもしれません。管理が強化され、不寛容さが強まり、さらにリアルのつながりを持ちにくい。私は個人的に、先の三つの要因に加えて、心の居場所のなさも依存を招いていると感じます。現実生活に充実感や満足感を得られない、むしろ不安や閉塞感ばかり募る。そういう現実から逃避したくて、スマホに依存していく面もあるのではないでしょうか」

長くアルコールや薬物依存の研究をしてきた廣中氏は、「アルコール依存になる人は、酒が好きなわけではない」と話す。お酒が好きだったり、おいしいから飲みすぎてしまったりするのではなく、「酔いつぶれること」が目的だというのだ。

要は、酔いつぶれるまで飲んで現実を忘れたい。孤独だったり、コンプレックスに苛まれていたり、容易に解決できない問題を抱えたりしている、そんな自分を忘れるためには酩酊するしかない。

これをスマホやネット利用に当てはめると、真の依存に陥るか、それとも単なる使い過ぎという問題で済むかは、個人の環境や性格傾向、ひいては社会の情勢にも関わってくるのかもしれない。いったいどんな人が真の依存者になってしまうのか、今度は数年前から実施されているネット依存の調査研究をもとに推察したい。

ネット依存　八つのチェックリスト

まずは東京大学大学院情報学環の橋元良明教授が、総務省情報通信政策研究所と行っている共同研究について挙げてみよう。

最新の調査結果『平成27年情報通信メディアの利用時間と情報行動に関する調査報告書』(二〇一六年八月)によると、「依存傾向にある」とされた人の割合は一〇代が一三・七%、二〇代が七・三%、三〇代が四・四%、四〇代が二・三%、五〇代が一・二%、六〇代が〇・三%である。

全年代の中では一〇代が突出して高く、しかも前年度(二〇一四年度)の調査では二・九%に過ぎなかった割合がわずか一年で四倍以上に増えている。橋元教授は調査結果についてこう述べる。

「若年世代で急速にネット依存の割合が増えているのは、スマホの利用と関連しているでしょう。スマホは簡単に起動し、しかもズルズルとつづけやすい機能性を持っている。ネット利用が常態化する傾向が増し、自分の意思でコントロールできずに問題を抱える可能性が高まります。一方で、スマホ利用が日常的な行為となると、わざわざコントロールしようという必然性もなくなる。真の依存か、そうではなく単にたくさん使っているだけなのか、現行の尺度では判別がむずかしくなっているのも事実です」

そもそも「ネット依存」を測る基準、尺度とは何か。現行の各種調査で多く用いられているのが『ヤングの診断基準』というものだ。

アメリカの心理学者、キンバリー・ヤングが一九九六年に八項目（Young8）、一九九八年に二〇項目（Young20）の診断基準を発表。ネット依存に関する調査では、次のような八項目の質問が設けられている。

①インターネットに心を奪われていると感じるか（オンラインの活動を思い出したり、次に接続することを楽しみにしているか）【没入感】
②インターネットで充足感を得るために、より多くの時間を費やす必要を感じるか【時間耐性＝麻痺】
③インターネット使用時間をコントロールしようとして何度も努力し、失敗した経験があるか【制御不能】
④インターネット使用をやめようとしたとき、気分が落ち着かなかったり、意気消沈したりするか【禁断症状（離脱）】
⑤予定よりも長時間、オンラインでいるか【時間】
⑥仕事、学校などにおける大切な人間関係を、インターネットが原因でなくしてしまいそうになったことがあるか【実生活上のトラブル】

⑦インターネットへの関与について、家族やセラピストなどに嘘をついたことがあるか【隠ぺい】

⑧現実逃避や、不快感（無力感、罪悪感、心配、抑うつなど）から逃れる目的でインターネットを使うか【現実逃避】

八項目のうち、五項目以上が当てはまれば「依存」とするのがヤングの基準である。先の橋元教授と総務省との共同研究で「依存傾向がある」とされたのは、五項目以上が当てはまった人だ。

「ネット依存として特に重要なのは、③の制御不能、④の禁断症状、⑥の実生活上のトラブルです。いずれも現実生活を破たんさせ、心身の健康を害しかねない。具体的には、失職や家族との離別、昼夜逆転や睡眠障害、暴力や暴言、浪費による経済的問題などが起こる場合もあります」

新しい調査の必要性も

橋元教授が調査研究する「ネット依存」が深刻な事態をもたらす可能性があることはわ

かるが、一方で前述のように「現行の尺度では判別がむずかし」いのも事実だ。これにはいくつかの理由が考えられるという。

「ネット依存に関してはさまざまな調査が行われているのですが、結果として出てくる依存率に変動が大きいのです。つまり、ある調査では依存傾向割合が大きな数字で出てくるが、別の調査では少なく出る。まずは標本となる母集団の違いがあります。広く一般の人を対象にしたのか、それとも学生限定などと属性を限定した調査なのかで結果が違ってきます。また、ヤングの基準にしても、どの項目にチェックを入れるのかはあくまでも自己申告です。本当にリスキーな人は自分の依存傾向を否定し、ネット利用を正当化することも考えられる。該当項目にチェックしないことが予想されるので、そもそもネット依存なるものを厳密に計測できるのか、議論する必要もあるでしょうね」

特にスマホが日常の生活必需品となった現在においては、「意識」ではなく「事実」、それも「弊害」を重視すべきだと橋元教授は言う。たとえばヤングの基準にある「予定よりも長時間、オンラインでいるか」という項目なら、スマホ利用者のほとんどが「はい」と答えかねない。

要は、「自分はこんなふうに使っている」という自覚や意識よりも、「人に迷惑をかけているか否か」、「生活や人生に深刻な影響を与えるか否か」など、客観的な事実を問題にすべきだという。「負の影響があるとわかりつつ、それをコントロールできない状態」を依存と考えたほうが現実的なのだ。

「今ではスマホが時計代わりになり、ニュースや天気をチェックするのはあたりまえの行為です。メールやSNSの通知が次々と表示されるような状況で、予定よりも長時間使っているのは多くの人にとって常態でしょう。それが依存項目として妥当なのか、という問題があるわけです。また、従来からの尺度では、依存のタイプを識別できません。一口に依存と言っても、ゲームに没頭しているのか、それともSNSに熱中しすぎているのかで、その背景や潜在的な問題、対応策も変わってきます」

次々と登場するアプリやコンテンツ、機能の進化、最新のトレンドなど、ネット利用を取り巻く環境は刻々と変わる。誰が、何に、どんなふうにのめり込んでいるのか、依存のタイプを区別したほうがより現状把握につながると言えるだろう。

橋元教授はこの区別として、「オンラインゲーム（ネットゲーム）依存」、「きずな（SNS）依存」、「コンテンツ依存」、「ギャンブル系参加型アプリ依存」を挙げた。

本当にリスキーな人はネット利用を正当化する

オンラインゲーム（ネットゲーム）依存とは、ネットを介して他者とつながりながら進行するゲームに依存した状態を言う。かつてはパソコンでゲームをする人が多かったが、この数年はスマホを使ったゲームが主流になりつつある。

きずな（SNS）依存は、LINEやツイッターなどSNSでの交流から離れられなくなる状態で、同調志向が強い日本人にはありがちなタイプとされる。

コンテンツ依存とは、特に目的もないのに動画サイトやブログなどの閲覧を延々とつづけてしまうことだ。ありあまる時間と生活目標の喪失が主な原因だという。

ギャンブル系参加型アプリ依存は、オークションやガチャ（スマホゲーム内で引くクジ）などに熱中するあまり、経済的破たんを招くような状態を指す。

これらのうち、オンラインゲーム（ネットゲーム）依存は、二〇〇〇年代初頭から「ネット依存」の代名詞のようにされてきた。「負の影響があるとわかりつつ、それをコントロールできない状態」となるまで没入する対象が、以前はパソコンで行うネットゲームなど一部に限られていたからだ。そのため、今まで行われてきた調査や研究は、主としてネットゲームへの依存者を対象としている。

二〇一〇年、私は『ネトゲ廃女』（リーダーズノート）という本を出し、この中でネットゲームにのめり込むあまり家庭生活を破たんさせる女性たちを取り上げた。ちなみにネトゲはネットゲームの通称で、廃女とは「廃人になるまでゲームに没入する女性」を意味する造語である。

彼女たちはみずからが「廃人」とされることに、意外にも肯定的な捉え方をしていた。前述したように「廃人」は「廃神」とも呼ばれ、ゲーム仲間からの羨望や尊敬を集める。当人にしても、「廃人になるまでがんばった」、「頂点に立った」といった達成感は相当なもののようで、取材ではその苦労や喜びが熱く語られた。

当時三七歳だった主婦は、五台のパソコンを駆使して『ウルティマオンライン』、『エバークエスト』というネットゲームに熱中していた。結婚して一〇年、ずっとネットゲーム三昧の日々で、ほとんど外出もしていない。カーテンを閉め切った部屋で、カップラーメンを食べながら、一日十数時間も戦闘をつづけていた。

ゲームの影響で視力が衰えると、レーシックという視力回復手術を受けた。パソコンの前に座りっぱなしで椎間板ヘルニアにもなったが、それでもゲームをやめようとは微塵も思わない。

家事はできず、子どもを産むという選択も考えられず、現実生活を破たんさせながらも「廃人」の自分を肯定する。先の橋元教授が指摘した「本当にリスキーな人はネット利用を正当化する」にピタリと当てはまるような女性だった。

こんなふうに、オンラインゲーム（ネットゲーム）依存者は破たんしやすく、またその状況が目に見えやすい。一日中パソコンの前に座りつづけ、ろくに食事も摂らなければ、誰が見ても「危ない」と感じられる。だからこそ「ネット依存」の代名詞として、調査研究の対象となってきた。

だが、スマホを使ってのゲームでは状況が変わってくる。たとえば前章で紹介したソシャゲ（ソーシャルゲーム）は、パソコンで行うネットゲームに比べ設定や内容が比較的単純だ。ゲームを操作する上で必要なスキルが低くても楽しめる作りになっており、一回のプレイに時間をかけずに済む。要は「ヒマつぶし」や、「すきま時間を埋める」ために最適なのがスマホゲームなのだ。

現実逃避かどうかが分水嶺に

ヒマつぶしや、すきま時間を埋める程度で楽しむなら問題はない、依存になど陥るわけがない、そんなふうに感じる人は多いだろう。私自身もちょっとした空き時間にスマホゲームを楽しむが、だからといって自分が依存者になるとは正直考えられない。

ところが、ヒマつぶしに遊ぶという利用方法が場合によっては依存をもたらす。先に挙げたヤングの基準の「現実逃避」、つまり「逃避的使用」や「逃避的行為」につながる可能性があるからだ。

逃避的使用、逃避的行為を説明するために「食べる」という行為を例にしてみよう。私たちは生物として生きるためにモノを食べる。「お腹が空いたから食べる」という行為は当然のものであり、ここにとどまっている限り依存になることはない。

次に「おいしそうだから食べたい」とか、「評判のお店で食事をしたい」といった願望にもとづく行為がある。たとえばショッピングビルのレストラン街で、たくさんのお店の料理写真を見たとする。それほどお腹が空いていなくても、「せっかく来たのだから」となかば強引に食べることがあるが、この場合、「食べなくてもいいのに食べる」という行為が生じる。これは依存への第二段階だ。

第三の段階は、「逃避」のために食べること。不快な気分や退屈、ストレスをまぎらわそうとして食べる、いわゆる「ヤケ食い」がこれに当たる。

ヤケ食いのとき、私たちはいちいち食べ物を選んだり、十分に味わったりしない。食べるという行為から得られる刺激や高揚感で、いっときつらい現実から逃避しようとする。一時的な行為であればいいが、こうした状態がつづいてしまうと、過食症などの摂食障害を招きかねない。

「食べる」という行為をスマホ利用に置き換えると、第一段階は必要に応じて使用している状態だ。メールが来たから返信する、調べ物をしたいから検索するという行為にとどまる限りでは、依存に陥ることはない。

第二段階が願望、たとえば楽しみたいとか、息抜きしたいといった気分にもとづく利用である。明確な目的による行為ではないから、なんとなくSNSをチェックしたり、軽くゲームで遊んだりする。楽しめたり、リラックスできたりするうちはいいが、必要もないのに使いつづけるうち、やがて依存への危険性が高まっていく。

第三段階では、特に目的もなく、楽しみも感じられないのに使ってしまう。不快なことやストレスから逃れるため逃避的に利用するうち、やがて「スマホなしではいられない」、「ゲームをしないと落ち着かない」という心理に陥る。

当人はヒマつぶしやすきま時間を埋めるために使っていると感じても、実際には仕事や社会生活、対人関係などに影響が出ている。遅刻したり、宿題ができなかったり、家族とケンカになったりと、現実生活に問題が起きてしまう。

ところが、そうした現実から逃避するためにますますスマホにのめり込む。とりわけソシャゲのように刺激や興奮、仲間との一体感などが得られやすいものは、思うようにならない現実を忘れ、逃避するための場所として脳内にインプットされやすい。これには脳の「報酬系」と呼ばれる領域が関わっている。

快の経験を記憶して行動する

橋元教授とともにネット依存の調査研究を行う東京大学大学院学際情報学府博士課程の堀川裕介氏は、人が依存に陥る背景を次のように解説する。

「脳の中枢にあたる脳幹の一部に腹側被蓋野と呼ばれる領域があり、ここから延びる神経は脳内のさまざまな場所で神経伝達物質のドーパミンを放出します。このドーパミンが放出されるとき人は快感を覚えると言われ、ドーパミン神経で結ばれるネットワークを脳内報酬系と呼びます。これは、報酬となる刺激そのものだけではなく、快感を予期させるような物事によっても働くと言われています」

報酬系はドーパミン神経系（A10神経系）とも呼ばれ、腹側被蓋野と前頭連合野、前帯状皮質、扁桃体、側坐核、背側線条体、海馬などをネットワーク状に結んでいる。前頭連合野は論理的な思考や判断を、前帯状皮質と扁桃体は情動や価値判断を、側坐核は欲求を行動に移すことを、背側線条体と海馬は学習や記憶を、それぞれ司ると言われる。それらがともに活動することによって、ある刺激が気持ちよさや楽しさとして知覚され、さらにその刺激を手に入れようとする行動につながっていく。

この仕組みが「予期」の段階で働くのは、たとえばソシャゲなら、実際にゲームをつづけてレアアイテムを手に入れた刺激だけでなく、「今ならレアアイテムが手に入りそうだ」という期待そのものによってドーパミン神経系が活発化するからだ。「以前、こんないいことがあった」、「同じような場面で報酬を得た」などの情報は、前頭連合野や海馬などに記憶として蓄えられている。この記憶が、「再びあの体験をしたい」、「次も快感を得たい」という気持ちを高め、行動を引き起こす。さらに、そうした行動と快の経験が繰り返し結びつくことで、「習慣」として定着することになる。

ソシャゲなどやったことがないという人でも、頻繁にメールのチェックをしたり、次々とSNSにコメントを書き込んだり、動画サイトやショッピングサイトをネットサーフィンした経験があるだろう。一見、単なるヒマつぶしのように思えるが、実は前述のような刺激と快感の連鎖をかすかながらも経験している。

「自分のブログにたくさんの返信をもらえた」とか、「このサイトでお得な商品が買えた」とか、「楽しい動画を見てリラックスできた」というふうに、報酬となるものを味わっている。すると、「またあの報酬が得られるかもしれない」と期待し、脳内の報酬系が心地よい行為を繰り返そうと働きはじめる。

また、報酬系のドーパミン濃度は「快感」の中でも、リラックスした満足感ではなく、さらなる快感へと駆り立てる高揚感に関係する。なんらかの目標に向けて人を突き動かすエンジンのような働きがあるというのだ。

「人は快経験、つまりある状況になるとこんな報酬が得られるということを記憶し、そこに向かって行動します。つまり、ここで何かが得られると思うとやる気が出る。逆に、あのときここで損をしたとか、悪いことがあったという情報も記憶されていて、そうした状況はなるべく避けようとする。言うなれば、前者は正の報酬、後者は負の報酬に突き動かされて行動するということです」

正の報酬、負の報酬

先に挙げたオンラインゲーム依存、きずな依存、コンテンツ依存、ギャンブル系参加型アプリ依存には、正と負の報酬があるという。それぞれの報酬は次のように考えられている。

・オンラインゲーム（ネットゲーム）依存
正の報酬　他者からの尊敬・承認・注目
　現実とは違う自分（設定したキャラクターやアバター）をヒーロー視される
　レベルが上がる達成感
負の報酬　「退場」や「アクセス頻度の低下」によるメンバーからの脱落不安　自分が
　抜けるとメンバーに迷惑がかかるという責任感・罪悪感
・きずな（SNS）依存
正の報酬　孤独の癒し　自己表現欲求充足
負の報酬　孤独不安　陰での中傷恐怖　グループからの隔絶不安
・コンテンツ依存

正の報酬　好奇心・欲求充足　持続的娯楽的刺激
負の報酬　ネットにアクセスしなければやることがない不安
・ギャンブル系参加型アプリ依存
正の報酬　財の獲得（収集欲充足、アイテム収集）
負の報酬　継続しないと、これまでの損失の罪悪感に苛まれる

タイプごとに違いはあるにせよ、正の報酬とは「何かを獲得できる」、負の報酬は「損をする」と考えるとわかりやすい。だが、こうした状態はネットやスマホ利用に限ったものではなく、私たちの日常にいくらでも存在する。

たとえば仕事をがんばったらボーナスが増えた、必死に勉強して成績が上がった、これらも正の報酬である。報酬があるからこそより高い目標を持ち、努力を重ねることができるが、だからといってそう簡単に「仕事依存」や「勉強依存」にはならない。

では現実生活で得られる報酬と、ゲームやSNSで得られる報酬とはいったい何が違うのだろうか。

「報酬」を得られやすいスマホ

現実の行動では、努力と報酬が必ずしも一致しない。人より多く働いたのにボーナスが下がる場合もあるし、勉強しても志望校に入学できないことがある。努力に報酬が比例せず、むしろ落胆や失望する場面も多い。つまり私たちは、現実生活では容易に報酬を得られないと経験している。

一方、ネットやスマホ利用ではそれほど努力しなくても報酬が得られる。アプリを起動させるだけでおもしろいゲームができる、楽しい動画を観られる、友達から承認されるというふうに容易に報酬が手に入る。前述したように、手軽さや気軽さ、入手可能性が高いことは依存の要因だ。

ただし、ネットやスマホから得られる報酬には「条件」が存在する。毎回、あるいは常時おもしろいことを経験できるわけではなく、「たまに当たる」、「ときどき得られる」というものだ。

たとえばスマホゲームは、無料ではじめられるものが多い。気軽に楽しめるぶん、すぐに飽きてやめられるかと言えばそうではない。ときどきレアアイテムが入手できたり、つづけていくうちにボーナスポイントがもらえるような仕組みになっている。

「ガチャ」などもそうだ。何枚、何十枚のクジを引き、その中でときどき大当たりが出る。ゲームによっては隠し部屋や宝箱、秘密のキャラクターなどが用意され、予想外の展開に興奮できるような仕掛けもある。こうしてゲームのプレイヤーは、「たまに当たりが出る」ことを学習する。

もっと身近なところで、ツイッターやLINEなどのSNS、ニュースサイトに掲載されている各種の情報も同様だ。たくさんの書き込み、コメント、ニュースのほとんどは緊急性も必要性もさほどない。適当に読み流せばいいレベルだが、それらの中に突然興味深い情報を見つけたりする。

三〇回の閲覧のうち二九回は無駄だとしても、一回は「これだ！」というものに当たった経験を持つ人は少なくないだろう。これもまた快感であり、興奮をもたらす。

堀川氏は「たまに当たりが出る、その期待があるから、ネットやスマホをやめにくくなる」と言う。

「ネット依存の背景として考えられるのが、オペラント条件付けです。これは、ある刺激のもとである行動をすると報酬、もしくは罰が与えられるというものです。自分の行動、たとえばゲームをすることによってレアアイテムという名の報酬が得られれば、みずから進んでその行動を取るようになります。しかも、行動するたびに報酬が与えられるとは限らないという偶然性があったほうが、行動そのものがエスカレートしていくと言われているのです」

今回ははずれても次回は当たるかもしれない、いつも当たっていたわけではないから、今は無駄でもつづけていればいいことがあるだろう、そんな期待が私たちを駆り立てる。逆に「やらなければ損をする」、「仲間を失うかもしれない」といった不安もまた、行動をエスカレートさせる要因となる。

「たまに当たる」から依存が強まる

オペラント条件付けの説明に、アメリカの心理学者バラス・スキナーによる「スキナーの箱実験」を挙げてみよう。この実験はオペラント条件付けを定式化したもので、なんらかの行動を起こした直後に報酬を与えることによって、その行動が起こる頻度をコントロールする手法を指す。

①実験用のネズミを二種類に分ける。ひとつはスイッチを押せば必ずエサがもらえるグル

ープ。もうひとつがスイッチを押してもたまにしかエサをもらえないグループだ。それぞれのネズミはスイッチを押せば「いつでもエサが出る」、または「たまにエサが出る」ことを学習する。
②学習後、両グループとも「スイッチを押しても一切エサが出ない」ようにする。
③「いつでもエサが出ていた」グループのネズミは、一切エサが出なくなると「もう出てこない」とあきらめてスイッチを押さなくなった。
④「たまにエサが出ていた」グループのネズミは「今度こそは出るだろう」とスイッチを押しつづけた。

これは「部分強化」と呼ばれるもので、「部分」が「たまに出る」こと、「強化」は「エサが出る」ことを指す。ネズミは「もともとたまにしかエサが出なかったわけだから、今は出なくても次には出るだろう」と期待し、行動しつづける。

「スキナーの箱実験」のネズミを、ソシャゲにのめり込むプレイヤーに置き換えると、「強化」がレアアイテムやボーナスポイント、仲間からの称賛といった報酬になるだろう。

「もう少しつづければ大当たりが出るに違いない」、「ここで中断したら今までの課金が無駄になる」、そんな心理に陥り、ゲームから離れにくくなってしまう。

また、強化の出現スケジュールでも依存に陥りやすくなる。出現スケジュールには定率と変率があり、前者は一定の頻度で報酬がもらえる、後者は報酬の頻度が変わるというものだ。ソシャゲのガチャで言えば、定率なら五回クジを引いて一回当たるというふうに一定のスケジュールで報酬がもらえる。

一方、変率ではそのときによって当たりクジの出現率が変わる。あるときは三回のうち二回当たったのに、別のときでは一〇回引いても当たらない。

どちらも「たまに当たりが出る」ことには変わりないが、変率、つまり報酬の確率が変動するほうがインパクトは大きくなる。毎回、期待と不安に揺れ動くことが「ソシャゲをつづけるという行為」を一層強化するのだ。

こんなふうに変率で強化（報酬を与える）することは、人を心理的支配下に置く際にも用いられている。ネット依存からは逸れるが、たとえばＤＶ（ドメスティックバイオレンス）の夫婦関係を考えてみよう。

妻は夫から殴られ、罵倒されるだけでなく、しばしば心理的支配下に置かれている。自分が被害者なのに「私が悪い、もっと夫に尽くさなくては」と自責の念を持ち、加害者である夫にひたすら従属しようとする。

いったいなぜこんなふうにコントロールされてしまうのか。それは夫が意図的に「正解を変動させる」からだ。同じ味付けの料理を提供しても、あるときは「おいしい」と言い、別の日には「こんなまずいメシが食えるか！」と暴力をふるう。料理の味付けが問題なのではなく、夫という強者が変動させる正解に適うか、ここだけに関心を向けさせる。

こうなると妻は混乱する。何が正解なのか、どうすれば殴られずに済むのかわからないから絶えず緊張している。報酬への期待と暴力への恐怖が交錯し、継続的な緊張状態に置かれるのだ。

そうしたストレス下において、普段は怒鳴り散らしている人がたまに優しいことを言ったりすると、その報酬はとてつもなく大きく感じられる。「至らない自分なのに夫は優しくしてくれた」などと思い込んで支配と従属の関係性が強化され、苦しいはずの結婚生活から逃れられなくなっていく。

「耐性獲得」という落とし穴

さらに、ネットやスマホ依存に陥る要因として考えられるのが「耐性獲得」だ。堀川氏は次のように解説する。

「同じ刺激を受けても、だんだん快感を得られなくなっていくという問題があります。何度も刺激を得るうちに耐性ができてしまい、もっと強い刺激でないと快感を得られない、だからもっとつづけなくては、という状態になる。これが耐性獲得です。さらに進むと刺激のある状態のほうがあたりまえになって、いつも刺激を得ていないと苦痛を感じ、平常心を保てなくなってしまいます。依存症では、苦痛を取り除こうとする動機が非常に強く働くと言われています。なぜなら、人は快感を得られないことよりも苦痛を避けられないことのほうに、より強い危機感を覚えるからです」

人は快感がなくても、とりあえずは生きていける。お酒を飲まなくても、セックスをしなくても、生命維持はできる。

一方、苦痛が避けられない状況はときに命の危機を招きかねない。だからこそ危機を回避しようとして、私たちはより積極的な行動を取る。猛暑の日に涼しい場所を探し、冷たい水を飲もうとするのは、暑さという苦痛から逃れないと命が危ないからだ。

ネットやスマホから得られる刺激に耐性ができ、「やらないと苦痛」になれば、快感よりもむしろ苦痛から逃れるためにのめり込むという事態に陥る。

依存の三大対象

依存には、大きく三種類の対象があるとされている。ひとつは物質への依存。アルコールや薬物、タバコ、食べ物などを摂取することで快楽や刺激を得て、その物質に執着する状態だ。

二つ目がプロセスへの依存である。ギャンブルや買い物、ネット、ゲームなどを行う過程（プロセス）で得られる興奮や刺激を求め、その行為自体に執着する。たとえば買い物依存なら「服が欲しい」のではなく、「服を買う過程で感じる刺激」が欲しくて、買い物がやめられなくなる。

三つ目が人間関係への依存である。ある特定の人との関係に依存したり、歪んだ人間関係に執着することでつながりを得ようとする。当人は「愛情」と思いながらストーカー行為をつづけるような状態だ。ちなみに、前述したDVも人間関係の依存とされている。

三つの依存のうち物質を対象としたものは、物質そのものが脳内報酬系を活性化させる。たとえばタバコなら、ニコチンという物質がまず脳の中枢部（大脳辺縁系）の核に作用する。この領域は食欲などの本能を司り、刺激を受けると食欲が満たされたときのように気分が高揚したり、逆にリラックスできたりする。

こんなふうに物質への依存は、その対象物を摂取することで快感を得たり、快感を予期して脳が活性化する。いわば物質そのものが報酬の火付け役になるわけだ。

一方、ネットやゲームなどプロセスへの依存では、「行為の過程で刺激や興奮を得るため」に行為自体に執着する。スマホに依存している人なら、スマホという機械が欲しくてたまらないのではない。スマホを通じて行うゲームやSNSから得られる刺激、強いキャラクターを倒したとか、見知らぬ人と知り合って楽しいメッセージ交換ができたとか、そういうプロセスがほしくて「スマホを使う行為」をやめられなくなる。

ギャンブル依存との相関

もうひとつ、「損を取り戻したい」という心理も影響していることが考えられる。ネットやゲームと同じ「プロセスへの依存」に属するギャンブル依存はすでに研究が進んでいるが、「損を取り戻すためにギャンブルをする」という心理的特徴がある。

同じ金額なら「利得より損失」のほうが心理的なインパクトが大きく、たとえば一〇万円を得られたことよりも、失った一〇万円を取り戻すことに執着するのだ。

ギャンブルなどやらないという人でも、給料が一万円上がったときの喜びと、一万円を入れたサイフを落としてしまったときのショックを比べると、後者のほうがより記憶に残りやすいだろう。

また、ギャンブル依存には「衝動性」という心理が深く関わっている。衝動性というと行動のブレーキが利かず、すぐにキレるといったイメージがあるが、依存との関わりで指摘されるのは「今すぐ欲しい」という強い要求だ。

たとえば「五年後に一〇万円をもらうか、今すぐ七万円をもらうか」という選択肢があったとする。一年くらいなら待とうと思う人でも、さすがに五年は長い、そんなふうに考えて「今すぐ」を選ぶかもしれない。だが、「二年後に一〇万円」となれば、「それなら待とう」と変わる可能性もある。

こんなふうに待ち時間によって選択が変わることを「選考の逆転」と言う。ギャンブル依存の人はこの逆転ポイントが早く来る。つまり「待てない、今すぐ欲しい」のだ。

ギャンブル依存の研究をそのままスマホ依存に当てはめることはできないが、少なくともこうした心理を持つ人にとってはスマホというツールが最適なものとなり得る。

わずかなすきま時間でも、その時間に何かが欲しくてたまらない。家に帰ってからじっくり調べ物をするよりも、簡単な情報でいいから今すぐ手に入れたい、そんな人は少なくないのではないだろうか。

それこそＳＮＳでのメッセージ交換なら、「今すぐ返信しなくては」という、どこか強迫的な思いに駆り立てられることがある。すぐに返信しないことで過去に友人と疎遠になったような「損失」を経験したなら、なおさらだ。

なぜ「いいね！」を求めるのか？

「プロセスへの依存」とされるネットやゲームへの依存だが、そこから得られる刺激が「人間関係への依存」をも招く可能性はないだろうか。

たとえばソシャゲなら他者とチームを組み、一致団結して闘う要素がある。がんばれば仲間から称賛され、信頼を得ることができる。ＳＮＳでは多くの人と常時つながり、承認や評価、「いいね！」などの同意を得られる。

他者からの承認や評価などは「社会的報酬」と呼ばれ、これもまた脳内報酬系を活性化させる要因のひとつである。

二〇一六年、カリフォルニア大学ロサンゼルス校アーマンソン＝ラブレイス脳マッピングセンターのローレン・シャーマン氏らの研究グループが、「SNSの『いいね!(like)』が中高校生の脳に大きな影響を及ぼしている」という研究結果を公表した(オンライン版『Psychological Science』)。

一三歳から一八歳の被験者三二人にそれぞれ四〇枚の写真を投稿させ、それらを含む一四八枚の写真を示しながら、「いいね!」を確認している脳の状態を機能的磁気共鳴画像装置(fMRI)で撮影したところ、脳内報酬系が活発に活動していた。

「いいね!」とは他者からの承認や評価だが、だからといって給料や賞金など具体的な報酬が得られるわけではない。にもかかわらず、他者から認められるという「社会的報酬」が脳内報酬系を活性化させる。いわば「同調快感」を得て、もっと「いいね!」が欲しい、次も承認が得られるだろうと興奮していく。

そもそも人は、自分と似ている人や共通性を持つ人に引き寄せられる。海外で外国人に囲まれているとき、たまたま街で「同じ日本人」に会ったら、まったくの他人でも親近感を覚えるだろう。

また、興奮状態にあるときには、たまたまそこにいた人にも引き寄せられる。同じように海外にいて楽しいお祭りなどに遭遇したら、言葉や文化が違う人たちとでも仲良くなれる気がする。こんなふうに共通性があったり、興奮しているような状況下では、容易に集団化が起きるのだ。

単に集団化し、仲良くなれるのならいいが、他者との同調には快感だけでなく「圧力」という問題が生じかねない。みんな一緒に行動しよう、周囲に合わせなければならないというプレッシャーだ。

こうした同調圧力が生じると、自分だけそこから抜け出すのはむずかしくなる。SNSに過激な投稿があったとして、みんなが「いいね！」や「そう思う」と反応していれば、「自分は違う」と反対しにくい。毎日何十回も仲間内でのメッセージ交換がつづくとき、本当はやめたくても「私はやめたい」とはなかなか言えない。

否応なく集団に同調しなければ、「仲間はずれ」や友達を失う可能性があり、それは不安と苦痛をもたらすからだ。

脳がつながりを求めている

アメリカの脳神経学者マシュー・リーバーマン氏は二〇一三年、共同研究者のナオミ・アイゼンベルガー氏とともに、「人間の脳は社会的つながりを求める性質を持っている」

という研究結果を『Social: Why Our Brains Are Wired to Connect』で発表した。

この研究では、被験者に「サイバーボール」というパソコンのゲームを体験させる。画面の中に二人のキャラクターがいて、そこに自分が操作するキャラクターが加わり、三人でボールのやりとりをするというものだ。ちなみに最初から画面に表示されていた二人のキャラクターは実際の人間が操作しているのではないが、被験者にはこの事実は知らされていない。

最初は三人で順調にボールを交換するが、ある時点から自分にはボールが回ってこなくなる。要は仲間はずれにされるのだ。

仲間はずれと言ったところで現実にそうなったわけではなく、所詮はパソコン上の話である。にもかかわらず、被験者の脳の一部が活性化した。具体的には前帯状回皮質の側面という「身体的な痛みや苦痛を感じる」領域だ。脳が感じる「社会的な痛み」は、身体的な痛みと非常に似ていることがあきらかになった。

リーバーマン氏は結果をもとに、「人間は、社会的な関係性を身体的な不安として感じながら進化してきたのではないか」という仮説を立てた。

仮説どおりであれば、他者とのつながりを絶たれることはまさに苦痛であり、大きな不安にほかならない。体が感じる痛みと同様に、脳が「社会的な痛み」を感じれば、その苦痛を回避するよう働くだろう。

前述したように、依存症では「苦痛を取り除こうとする動機」が強く働くと言われている。快感を得るための行動より、苦痛を取り除くための行動のほうが生命活動に直結するからだ。

ＳＮＳやソシャゲなどの社会的なつながりは、他者からの承認や評価が得られる快感だけでなく、仲間はずれになるかもしれないという不安と表裏一体だ。「社会的報酬」に興奮する脳は、一方で「社会的な痛み」にも反応し、生きるための絶対条件として他者とのつながりに執着することも考えられる。

そう考えると、ネットやゲームは「プロセスへの依存」にとどまらず、「人間関係への依存」をも招く可能性があるのではないだろうか。

お試しから常習、依存へ

ただのヒマつぶし、すきま時間を埋めるだけ、そんな意識で私たちはついスマホを手にする。実際にスマホを使うといいヒマつぶしになるし、無料のゲームや動画を楽しめばお金もかからない。家族や友達、仕事の関係者とも簡単に連絡が取れるし、電車の乗り換えや明日の天気などもすぐわかる。

おもしろくて、役に立ち、ストレス解消にもなる。しかも子どもからおとなまで「たくさんの人がスマホを使っている」のだから、安心感が大きい。

誰もが使っているという安心感や数多くのメリットに、警戒心などそうそう抱かない。むしろみんなに乗り遅れまいとして人気のアプリをダウンロードしたり、話題のサイトをチェックしたりする。

スマホと同様に入手可能性が高いタバコは、かつて「たくさんの人が吸う」ものだった。特に成人男性の喫煙率は高く、ピーク時の一九六〇年代から七〇年代にかけてはおよそ八割に達していた。仕事をしながら、歩きながら、会話しながら、そこかしこで「ながらタバコ」が常態だったのだ。

そんなタバコは、「お試し」から「常習」への進行が早い。おとなになったから試してみようと一本吸ってみて、そのときは煙にむせたり、頭がクラクラしても、一〇本、二〇本と吸ううちに慣れてくる。

それこそちょっとしたすきま時間にタバコを吸うと、目が覚めたようにシャキッとした気分になったり、逆にふぅーっと落ち着いたりする。ニコチンによって脳内報酬系が活性化されるからだが、この快感を繰り返したいと思えば容易に常習者になる。

常習者になると依存への進行も早い。タバコを吸えないとイライラして居てもたってもいられない。集中できず、不安を覚え、妙な焦りを感じる、これらはすべて禁断症状だ。一旦、依存に陥ると個人の意思だけでやめるのは簡単ではない。

今でこそ健康被害や受動喫煙などの影響が問題視され、タバコは社会悪のようになった。喫煙率は大幅に下がり、「ながらタバコ」もほとんど見られないが、それは個人の変化ではなく社会全体の変化によるものだろう。要は、たくさんの人がタバコをやめたからやめざるを得なくなるという、ひとつの同調圧力だ。

こんなふうに私たちは、周囲や集団の空気を敏感に感じ取っている。その空気感は、今やスマホを使うことが当然といった同調圧力を生み出した。

単に圧力だけでは済まない。タバコは嗜好品だから「吸わない」という選択があってよかったが、スマホは必需品だ。もはや生活上のインフラであり、「使わない」ことはむずかしい。

そもそもタバコは一本を数分で吸い終える。短い時間で否応なく火が消え、強制的に終了が来るのだ。よほどのチェーンスモーカーでない限り、何時間も連続でタバコを吸いつづけることはない。

一方、スマホはどうだろう。LINEをやめようと思ってもメッセージが来る、ゲームを中断したくても次のキャラクターが現れる、音楽や動画が次々と自動再生されるというふうに、その利用が「エンドレス」になりかねない。

お試しのような軽い気持ちではじめたのに、いつの間にかエンドレスの波に飲み込まれる、次章ではそんな人々の実態について報告してみよう。

第4章　エンドレスに飲み込まれる人々

老父にスマホを与えたら

スマホに関連する現象を追うと、その影響が思った以上に多岐に渡ると感じる。スマホ育児、SNSやゲームへの依存などの現象面だけでなく、心理的な作用や社会的な同調志向といった問題も見えてくる。

そう考えると、スマホは誰にとってもなんらかの影響を及ぼしかねない。若者や社会人のみならず、今まで注目されてこなかったスマホユーザー、たとえば高齢者の状況はどのようなものだろうか。

「なぜこんなことになったのか、今でもうまく受け止められません。若い子が夢中になるというならまだしも、よりによって七〇過ぎの高齢者ですよ」

埼玉県に住むパート社員・村山洋子さん（仮名・四五歳）は、困惑を隠せない顔で吐き出した。

彼女が言う「七〇過ぎの高齢者」とは、岐阜県の実家に暮らす七三歳の父親だ。一年前からスマホゲームをはじめ、当初はパチンコやスロット、今では対戦型の麻雀ゲームに夢中だという。

そもそも父親にスマホを与えたのは村山さんだった。老夫婦二人暮らしの実家近くは過疎化が進み、交通の便も悪い。以前から生活ぶりを案じていたが、ここ数年、骨粗鬆症を患う母親が入退院を繰り返すようになった。付き添いや看病、慣れない家事に追われる父親に、「いつでも連絡して」と親孝行のつもりでスマホを渡したのだ。

操作が面倒だと渋る父親に使い方を教えたのは、当時高校二年生の村山さんの息子だった。スマホ現役世代の息子は、「おじいちゃんのストレス解消になるから」と、簡単に遊べるパチンコや麻雀のゲームアプリを追加した。

「父は元々パチンコや麻雀が好きだったので興味を示しました。お金もかからないし、いつでも手軽にできるので、母の付き添いや家事の合間に息抜きとして使うようになりました。はじめのころはほどほどに楽しむくらいでしたが、そのうち歯止めが効かなくなりました。対戦相手に勝ったとか負けたとか、一緒に遊ぶ仲間にほめられたとか、私にはワケがわからない話をする。もしかして認知症ではないかと心配になり、実家に駆けつけたこともあります」

心配する村山さんを前に、父親はゲームの楽しさを熱く語った。麻雀ゲームはネット上で四人のプレイヤーと交流しながら進行するが、「日本中の人と対戦できる」、「人妻と組めておもしろい」などと興奮しきりだ。スマホの小さな画面を見るためにと専用の拡大鏡メガネまで購入、脇目も振らずゲームをつづける様子に村山さんは仰天した。

「口を開けばゲームの話ばかりでした。ふだんは離れて暮らしているので細かいことはわかりませんが、食べる時間が惜しいからと食事を抜いたりしていたようです。母の世話や家事もあとまわしだったので、このままでは大変なことになると急きょ介護事業所に相談に行ったんです」

母親は要介護認定を受けていたため、デイサービスやショートステイが利用できることになった。ひとまず安堵した村山さんだが、介護や家事の負担が減った父親は、前にも増してゲームに没頭する。

「ほかにすることがない」、「麻雀ゲームが生き甲斐になった」、そう真顔で話す父親にいくら注意しても聞く耳を持たない。ゲーム仲間とチャット機能を使って交流し、自分の連絡先や日々の生活ぶりを伝えている様子だ。

村山さんが父親のスマホをこっそり盗み見ると、知らない女性の名前や携帯番号が登録され、〈会いたい〉、〈優しいあなたのことが好き〉、そんなメッセージまで届いていた。最近では村山さんとの接触を避けるようになり、ますます対応に苦慮しているという。

「実は介護事業所の人から、父と似たようなケースがあると言われたんです。一人暮らしの高齢男性がアダルト動画に夢中になっているとか、スマホに届いたメッセージに返信したら出会い系サイトに誘導されてしまったとか。初期の認知症や高齢期うつ病などの可能性もあるそうですが、うちの父に限ってはゲーム依存だと思います。とりあえず体が丈夫でお金と時間がある。だけど孤独で、これという生き甲斐が見つからない。そんな寂しさから、ゲーム仲間との関係に夢中になったんじゃないかと」

高齢者向けアプリ市場の活況化

高齢者がスマホゲームやアダルト動画に依存する。今までなら考えられないような状況は、果たして増えているのだろうか。遠距離介護を行う子世代を支援するＮＰＯ法人パオッコの太田差惠子理事長は、「十分考えられる」と言う。

「スマホゲームに依存したと聞くと例外的に感じられるかもしれませんが、数年前から素地はあったと思います。それこそ郊外のゲームセンターに高齢者が詰めかけ、一日中ゲームを楽しむような状況がありました。介護施設でもパチンコや麻雀は入所者の人気を集めていますし、刺激があって仲間ができるのなら、夢中になっても無理はありません。特にスマホの場合は、自宅で楽しむことができます。高齢者は外出がむずかしくなるし、お金もそうはかけられない。それでいて時間はたっぷりあります。無料のスマホゲームや動画サイトは、格好のヒマつぶしになるでしょう」

言うまでもなく日本では、高齢者人口の増加が著しい。総務省統計局による二〇一六年の推計では、六五歳以上の高齢者人口は三四六一万人、割合にして二七・三％と過去最高を記録した。

ちなみに、一五歳未満の子どもの人口は一六〇五万人、割合にして一二・六％である。全人口の四人に一人、子どもの人口の二倍以上の高齢者がいるとなれば、彼らをメインユーザーにしたスマホ市場が生まれることは当然とも言えるだろう。

株式会社ビデオリサーチが実施した『シニアとデジタルモバイル』（二〇一六年九月）についての分析結果では、六〇歳〜六四歳の五二・五％がスマホを所有している。六五歳〜六九歳が三五％、七〇歳〜七四歳では二三・五％と、七〇代でも四人に一人はスマホユーザーである。

しかも高齢者の所有率は右肩上がりだ。六五歳〜六九歳では前年比で一一％増、七〇歳〜七四歳が約八％増と急速にスマホが浸透する。

高齢者向けのアプリやコンテンツも続々と提供されている。血圧測定や体力増進といった健康系アプリ、資産運用や相続などお金に関連するアプリ、お薬手帳や病歴記録のアプリもある。

ゲームや情報コンテンツ提供など幅広いネット事業を展開するＤｅＮＡでは、シニア層を対象に、交流機能を備えたコミュニティサイト「趣味人倶楽部（しゅみーとくらぶ）」を運営している。キャッチコピーは「趣味でつながる、仲間ができる、大人世代のＳＮＳ」だ。

旅行やスポーツ、趣味などを話題に、ネット上で互いのコメントを交換したり、グループを結成したりする。「六〇代、七〇代年齢層の集い」、「五〇代～九〇代の女性限定」など多くのコミュニティが作られ、会員総数は三二万人に上っている。

スマホで次々高額商品を購入

神奈川県内の介護事業所でケアマネージャーを務める女性（五六歳）は、担当する高齢者のスマホ事情をこう話す。

「最初は家族との連絡用で使いはじめるケースが圧倒的です。少しずつ操作に慣れてくると、音楽配信や動画、ショッピングや交流サイトを利用する人もいますね。自分のペースで適度に楽しむならいいんですが、問題を抱える人も増えています」

担当する七〇代の女性は、毎朝起きるとすぐにスマホを使いはじめるという。一〇年以上前から韓流スターのファンで、関連のネット掲示板やブログ、動画サイトを次々と閲覧するのだ。

掲示板では「釣り」と呼ばれる大げさな書き込み、噂の域を出ない話も少なくない。ところが女性は真に受けて一喜一憂し、「書かれていたことが気になって眠れない」、「ファン同士がもめると食事が喉を通らなくなる」などと訴える。

健康グッズやサプリメント、空気清浄器などの生活機器も次々に購入しはじめた。同じ磁気ブレスレットが三つもあることに気づいたケアマネージャーが事情を尋ねると、「友達に勧められて買った」と話す。どうやらファンサイトで知り合った人から言葉巧みに勧誘されている様子だ。

離れて暮らす家族に連絡したくても個人情報に関わるため、女性本人に了解を得なくてはならない。「勝手に告げ口した」と思われては、互いの信頼関係も壊れてしまう。折にふれ説得を試みているが、容易には納得してもらえない。

また別の七〇代の女性は、資産運用に役立つという名目で高額な情報商材を購入していた。老後の資金に不安を感じてスマホでネット検索をした際、表示されたサイトで「個人向け特別相談会」を見つける。画面の表示に従って操作したところ、なぜか八万円もの請求メールが届いた。

事情がわからないまま返信すると、「PDFファイルをダウンロードした料金」などと説明された。「料金を支払わなければ裁判になる」という警告メールが届いたため慌てて支払いを済ませたが、当人は「PDFってなんのことやらさっぱりわからない」、そうケアマネージャーに話したという。

「高齢者はネットに対して無防備で、クチコミ情報やたまたま知り合った相手のことを簡単に信じてしまいます。優しい言葉をかけられ、親身になってもらえるとなおさらです。子どもがネットやスマホを使う危険性については取り上げられていますけど、私には高齢者のほうがよほど心配です」

最近では、不確かな健康情報で服薬を中止したり、通院を渋るようなケースが相次いでいる。命に関わる恐れもあるだけに、介護スタッフや医療機関と連携して注意しているが、ずっと見張っているわけにもいかない。良かれと思ってアドバイスしても、突然怒り出すような高齢者もいて、対応に苦慮しているという。

消費者庁の『平成28年版消費者白書』によると、SNS関連の消費生活相談は増加傾向にあり、二〇一五年度は過去最多の九〇〇四件の相談が寄せられている。相談件数を年齢層別に見ると、二〇一〇年度から一五年度にかけて、三〇歳代以下が約二倍だったのに対し、四〇歳代は約四倍、五〇歳代は約九倍、六〇歳代は約一三倍、七〇歳以上は約二三倍に達している。高齢になるほど、SNS利用のトラブル増加が顕著だ。

孤立や不安からネットの闇に飲み込まれ、いつしか生活を脅かされる。スマホを手にした高齢者にも、あらたな問題が迫っている。

主婦がハマったお小遣いサイト

前述したように高齢者がスマホにハマる背景には、外出がむずかしい、お金をかけられない、それでいて時間に余裕があるという生活状況が見て取れる。こうした状況は、専業主婦にとって近いものがあるだろう。家事や育児の合間に何かしたい、できれば多少なりともお金を得たい、そんな主婦たちの間で人気を集めるアプリがある。

東海地方に住む秋庭紀子さん（仮名・四〇歳）は、運送会社に勤務する夫と小学二年生の娘との三人家族。一〇年前に結婚して以来、専業主婦として暮らしてきた。仕事をしたい気持ちはあったが、家族の介護や夫の転職に伴う転居などで機会を逃していたという。ところが四年前、たまたま見た女性向けのサイトで「スマホを使った主婦の副業」を知る。「家計や娘の教育費を考えると、少しでも収入が欲しい。在宅ワークでもはじめようかと思ったときに知ったのがポイントサイトです」

秋庭さんが知ったポイントサイトとは、別名「お小遣いサイト」と呼ばれる。「パソコン、スマホでお小遣い稼ぎ」、「誰でも簡単にできるおススメの副業」、そんなキャッチコピーでユーザーを募る。

主だったポイントサイトの利用登録者数は、「モッピー」五〇〇万人、「げん玉」四四〇万人、「ちょびリッチ。」一三五万人と、いずれも数百万人のユーザーを抱える。

利用する際にはポイントサイトに会員登録をする。登録は無料、メールアドレスや携帯電話の番号、ログイン時に使用するニックネームなどを入力すれば完了だ。

登録後はポイントサイトに用意された数々のメニューから自分の好きなものを選択する。それぞれのサイトで多少の違いはあるが、「広告を見る」、「アプリをインストールする」、「資料請求する」、「アンケートに答える」、「友達を紹介する」、「ゲームで遊ぶ」、「ガチャ

（クジ）を引く」などがメインのサービスだ。
「たとえば『広告を見る』を選んでCM動画を視聴したら一〇ポイントがもらえる、そんなシステムです。家事をやりながらでもスマホ片手にパパッとできるので、いろんなサービスを利用すれば一日で一〇〇ポイントくらいは貯まる。貯まったポイント数がそのまま換金できるので、五〇〇〇ポイントなら五〇〇〇円がもらえることになります」

「換金」と聞いても一般的にはピンとこないだろう。そもそも無料で会員登録したものから「五〇〇〇円もらえる」とは常識的には考えられない。当初は秋庭さんも不信感を抱き「詐欺ではないか」と疑ったが、すぐに安心したという。実際に現金が手に入り、しかもこれといったトラブルもなかったからだ。

「換金にはいろんな方法があります。ショッピングサイトのギフト券や電子マネーに交換したり、ネット銀行の口座にお金を振り込んでもらうこともできる。利用者が開設しているブログでは、『今月は二〇万円稼いだ』とか、『一年間の総収入が一〇〇万円』とか、そういう記事が山ほどあります。効率的に稼ぐコツがたくさん紹介されているので、私も本気でやろうと気合が入りました」

「コツ」のひとつが、友達紹介のシステムだった。知り合いを勧誘し、会員登録してもらうと、紹介者に一定数のポイントが付与される。仮に五〇〇ポイントで二〇人を集めれば、一万円を得られる仕組みだ。ポイントサイトをはじめた当時、秋庭さんの娘は幼稚園生だったため、周囲のママ友を次々に勧誘してはあらたなポイントを獲得した。

「リアルの友達だけではすぐに限界がきちゃうので、SNSでも情報発信することにしました。わざと主婦っぽさを出して、目標のお小遣い額を月に一万円くらいと低く設定する。SNSでつながった人に、これくらいなら私にもできるかも、そう思ってもらえるように工夫するんです。いろんなコツを知るうちに、もっと稼ぎたいという欲求が抑えられなくなりました」

家事や子育ての合間に少しだけお小遣い稼ぎ、そんな思いだったはずが、気づけば主婦業は手につかなくなっていた。二〇以上のポイントサイトに登録し、少しでも換金率の高いサービスを探しつづける。加えてSNSに投稿する記事を作ったり、実際に獲得したポイント数の画像を公開したりと一日中スマホが手放せない。

いつしか秋庭さんの生活はポイントサイトを中心に回りはじめた。ポイント獲得に躍起になり、一ヵ月の収入は数万円に達していたが、思わぬ落とし穴に落ちてしまう。

「ワーク」で主婦同士の闘いに

「換金率の高いサービスのひとつに、商品お試しキャンペーンというのがあるんです。たとえばサプリメントを一ヵ月分購入すると、その金額ぶんが丸々ポイントになる。一〇〇〇円だったら一〇〇〇ポイント獲得、それは一〇〇〇円に換金できるので結局は無料で入手できるんです。私はこれにハマッてしまい、一日に一〇個くらいの商品を注文しました」

実質無料で商品が手に入るだけでなく、獲得したポイント数をSNSで報告できる。「今週は三〇〇〇ポイントもゲットできました」、そんな投稿をすればアクセスが増え、「友達紹介」にもつながっていく。

いいこと尽くめのように感じていたが、秋庭さんは大きな失敗を犯す。無料でお試ししたはずの商品だが、実際には「定期購入」に申し込んでいた。要は最初の一ヵ月が無料、その後は毎月の商品代金を支払うという契約だったのだ。

「ポイント獲得を焦るあまり、ちゃんと契約を確認しなかった私のミスです。必要もない商品を購入することになって、しかもその数がハンパじゃない。定期購入をキャンセルできても最初に獲得したポイントは差し引かれるので、結局初回分は有料になるんです。換金できるどころか余計なお金を使う羽目になりました」

秋庭さんはこの失敗を夫に隠す。それでなくても主婦業が疎かになり、夫婦仲は険悪になっていた。なんとか失敗を取り返そうと考え、今度はポイントサイトで紹介されていた「ワーク」を利用する。指定された文字や文章を正しく入力したり、商品レビューを書き込んだりするとポイントが得られる、いわばデータ入力のような作業だ。

作業単価はひとつのワークにつき〇・一円などと極めて低いが、利用者同士が入力の正確性を競う仕組みがある。「デイリーランキング」などと呼ばれ、一日の正解数に応じて順位付けされるのだ。

「一位を取れば一万ポイント、一〇〇位だったら一〇〇ポイントというふうに、ランキング次第でボーナスポイントがもらえるんです。がんばれば稼げる、失敗したぶんも取り返せる、そう思ってはじめましたがとんでもないことになりました」

文字入力の正確性、さらにはスピードを上げようと、朝から何時間もかかりきりになった。以前にも増して主婦業は疎かになり、食卓にはスーパーの総菜やレトルト食品ばかり並ぶ。子どもの世話をしていても上の空で、まともに会話が成り立たない。

夫からは繰り返し叱責されていたが、何を言われても耳に入らなかった。単にポイントを得たいというだけでなく、ランキングで上位を取りたい、ほかの利用者に勝ちたい、そんな気持ちに駆られてしまうのだ。

「ワークは主婦向けなので、要は主婦同士の闘いです。ランキングが上がると、ほかの主婦に勝てたことに快感が湧くんですよ。その快感をSNSに投稿していたら、急に攻撃を受けるようになりました。ザコは引っ込め、早く消えろ、ブスのくせに、とにかく暴言がつづく。そういうことを言ってくるのは、私と同じようにポイントサイトをやっている主婦たちでした」

SNSで誹謗中傷された秋庭さんは、ポイントサイトをやめるどころかますます熱くなった。「おまえらこそ引っ込んでろ」と相手を見返したい気持ちになったからだという。

あるとき、娘が風邪を引いて高熱を出した。それでも秋庭さんはワークが気になって仕方ない。看病しながらもついスマホを手にすると、目の前の娘から意識が飛んでしまう。

幸い娘は一日で回復したが、その日の獲得ポイント数は五〇、つまり五〇円だった。

「そのとき、自分のバカっぷりにはじめて気がつきました。ほかの主婦に勝ちたい、もっと稼ぎたいという欲求に目がくらんで、大切にしなきゃいけないものが見えなくなっていた。そこそこ稼げた時期もあったけれど、もうこれ以上はいいやと思って、やめることにしました」

ポイントサイトをはじめてから二年半、残ったポイントの総数を換金すると三〇万円近くになった。とはいえ、不必要な商品の購入という失敗があったため、最終的な収入は一〇万円ほどだ。

秋庭さんは手にした一〇万円を費やした時間で割り、時給に換算してみた。はじき出された金額は、一時間あたり二五円だったという。

会社に居場所を把握される

高齢者や主婦がスマホを通じてトラブルに見舞われる実態は看過できないが、一方ではおとながみずからの意思で利用し、刺激や実益を得ている面もある。「延々とつづけてしまう」、「必要のない商品を買わされた」、そんな問題はあるにせよ、自分次第で被害を未然に防いだり、事態を打開できる可能性はある。現に前出の秋庭さんは、自分の判断でポイントサイトの利用をやめた。

ところが今、自分の意思とは無関係に、否応なくスマホを手放せない人たちが現れている。業務用、会社支給のスマホを使うことで位置情報やリアルタイムの状況を管理され、延々と拘束されてしまうのだ。

スマホを使った勤怠管理や行動把握、場合によっては物理的、精神的な監視下に置かれるような状況も出現している。

飲食店向けの店舗管理を行う会社で営業職をする山本恭介さん（仮名・三〇歳）は、「会社支給のスマホを使うと、自分が奴隷になったような感覚です」と嘆息した。現在地や移動ルートがスマホのGPS機能で上司に把握され、一日の行動を監視されているという。

山本さんの営業圏は一〇〇km四方と広範囲に及び、社用車を使った直行直帰が許されている。開店前や閉店後の飲食店を訪問するため、午前六時に自宅を出て深夜〇時近くに帰宅することも珍しくない。

「以前、携帯電話を使っていたころは、定時連絡さえ入れれば比較的自由にスケジュール調整できたんです。早出のときは途中で長めの休憩を取るとか、一日の行動管理は自分次第でした。それがスマホを支給されてからは、GPSで自動的に居場所が通知されてしまう。たとえばコンビニの駐車場に車を停めて昼食を取ると、私の現在地、つまりコンビニにいることが上司のパソコン上に表示されるんです」

アプリで社員の勤怠管理

山本さんの会社のみならず、社員の業務管理や行動把握をするためのシステム、スマホアプリの普及が進んでいる。たとえばソフトバンクモバイルでは法人向けに「位置ナビ一斉検索」というサービスを提供、管理者は一〇〇人の社員の現在位置を同時検索できる。検索結果は地図上に表示されるため、誰がどこにいるのかは一目瞭然だ。

データセンター事業などを手掛けるＮＴＴファシリティーズでは同社の新大橋ビルを「実証実験型オフィス」と称し、社内にいるすべての社員の行動を把握、行動分析を実施している。

各フロアに設置されたＢｅａｃｏｎ（Ｂｌｕｅｔｏｏｔｈという信号の発信機）を社員が持つスマホが感知すると、「〇時〇分、Ａ室に社員Ｂさんが入室」などと自動的に記録される。仮に「社員Ｃさんと Ｄさんがコミュニケーションスペースにいる」と記録されれば、二人が会っている、話しているといった行動が把握される。

トイレは監視対象外だが、社員の行動分析により「省エネオフィス」の実現を目指しているという。たとえばオフィスへの入退室履歴をもとに照明や空調を自動的に調整できれば、エネルギー効率が向上するというわけだ。

スマホの無料アプリにもさまざまな機能が付帯している。「ｃｙｚｅｎ」という勤怠管理アプリでは、「外回りの社員やスタッフの位置を確認」、「作業開始、終了などの状態を記録」、「勤怠管理をまとめて把握」などの機能がある。アプリ情報サイトＡｐｐｌｉｖのレビューでは、「ｃｙｚｅｎ」が次のように紹介されている。

――外回りの営業や移動販売など、社内にいないスタッフの勤怠管理が出来るアプリです。スタッフが今どこで何をしているのか、一日どんな作業をしたのかといった事をまとめてチェック出来ます。

直行直帰の仕事や外回りの場合、スタッフの動きは見えませんが、本アプリを使えば、今どこで何をしているのかが一発で把握出来るようになります。使うのはＧＰＳ。出勤や退勤ボタンを押すだけで、何時何分にどこで何をしたのかが記録され履歴に残ります。

（後略）――

休日まで位置情報が筒抜け

こうしたシステムやアプリは、あくまでも業務の効率化を目的としたものだ。たとえばタクシー会社に迎車の依頼があった場合、周辺に散らばる乗務員の現在地を一斉検索することで、客に一番近い車を配車できる。先の山本さんのように社用車を使って営業するケースでは、移動中の事故や渋滞などのトラブル対応がスムーズになり、顧客の信頼獲得にもつながる。

また、出社や退社時刻の記録が残ることで残業代未払いを防げるなど、働く側にも相応のメリットはある。

一方で必要以上に社員の管理を強化したり、ルールを逸脱した監視目的で使われる可能性も否定できない。実際に山本さんは上司から過度な干渉を受け、ストレスを募らせているという。

「移動中にルートをはずれたり、どこか一ヵ所に長く車を停めていたりすると、上司からメールが来ることがあります。『張り切って（営業を）お願いします』とか、たわいもない内容なんだけど、要するにオマエのことを見てるぞとプレッシャーをかけてくる。自分の行動を相手がどう受け止めるかわからないし、相手がイヤな人間だったら最悪ですよ。ちょっとコンビニに立ち寄る程度でも落ち着きません」

営業という仕事柄、時間や場所を問わずスマホは手放せない。休日でも緊急対応に備えて持ち歩くが、それは自分のプライベートな行動まで知られることにもなりかねない。

現に休日の外出先で上司から急な呼び出しを受けた際、自分からは何も言わないうちに「一時間で到着できるよね?」といきなり指示された。私的な位置情報まで筒抜けなのかと驚き、尾行されているような気になったという。思い余って上司に利用実態を尋ねると、「業務上必要なときに使っているのだから問題ない」と意にも介さない。

「業務上と言えば聞こえはいいですが、常に束縛されている気がします。それでなくても、取引先のメール対応や会社への連絡、営業用のデータや写真の送付などでスマホから離れられない。ここまでやったら終わり、という線引きがなくて、ずっと会社に囚われているようです」

山本さんが懸念するように、どれほど便利なシステムでも、使う側の意識や倫理次第では不正行為にも発展する。最近では他人のスマホを遠隔操作するシステムも開発され、いわゆる「盗み見」も可能になった。

神奈川県内のソフト開発会社が提供していた「Ａｎｄｒｏｉｄアナライザー」（現在は販売終了）では、ソフトが内蔵されたパソコンにロックしていないスマホを接続するだけでアプリがインストールされる。

アプリがインストールされたスマホはパソコンでの遠隔操作ができるようになり、通話やメールの履歴、電話帳、位置情報、動画や写真、LINEの書き込み内容などが把握される。開発会社のサイトでは、「スマートフォンをリアルタイムで徹底監視&追跡」と表示され、「サボり癖のある社員の勤怠チェック」などの用途が紹介されている。

パソコンで遠隔操作する人とスマホの利用者が「合意」のもとで使用するよう警告されているが、実際には他人の個人情報を無断で取得する不正行為が相次ぎ、ソフト利用者が逮捕される事態となった。

不正行為は許されるものではないが、では「合意」している場合ならどうだろう。業務用のスマホを支給された際、仮に合意を強制されたら、働く人々はあらゆる情報を把握され、常に監視下に置かれてしまう。

小さなスマホが私たちの生活を支配する、そんな近未来を恐れるのは杞憂にすぎないだろうか。

SNSマーケティングに振り回される社員

スマホの普及に伴い、企業側のビジネス戦略も転換期を迎えたと言われている。たとえば中小企業の広告宣伝では、従来のチラシやホームページによる集客から、SNSを利用した新規マーケット開拓が推奨されている。

二〇一六年四月には、経済産業省が『企業のソーシャルメディア活用に関する調査報告書』を公表した。報告書では、「ソーシャルメディアを有効に活用することで、より迅速に、より正確なニーズを知り、より広範に事業展開を行うことが可能となっている」とあり、「Facebook や Twitter などのソーシャルメディアを活用した販路開拓、ブランディング、更にはそこから得られる消費者ニーズを商品企画に活かすといった取組は有望な分野」だと指摘されている。

一方で、「企業において手法や必要な人材・体制等が確立されておらず」という記述もある。要は、SNS活用が有効でありながら、それを担う人材や体制は脆弱というわけだ。

それでも人材や体制が準備できないままSNSの活用を進めようと、いわば見切り発車するような企業もある。寺田由香さん（仮名・二八歳）が勤務する会社もそのひとつだ。

勤務先は社員一〇人足らずのリフォーム会社、本来の仕事はリフォームアドバイザーという名の営業職だ。ところが通常の業務に加え、フェイスブックやツイッターを使った会社のPR、潜在客の開拓や顧客対応を一手に任されている。

「SNS担当になってからは地獄です。たとえばフェイスブックでおススメの改装を提案するとします。参考写真や動画、ＰＲ記事を次々と投稿するだけでも大変ですが、それを見たお客さんから問い合わせが来たら、すぐに対応しなくてはならない。多いときには数十回もメッセージ交換がつづき、本来の仕事はどんどんあとまわしになってしまいます」

ＳＮＳを使った販路開拓を言い出したのは六〇代のオーナー社長だ。中小企業向けのセミナーで「ＳＮＳマーケティング」なるネット集客術を知り、寺田さんに担当を命じたという。

その際、社長はネット集客術について、「会社と消費者がＳＮＳでつながれば、きめ細かい情報発信やアフターフォローができる」、「女性客から高評価のコメントがあると、クチコミで新規の客が増える」、そんなふうに熱弁をふるった。

そもそもリフォーム会社では、主婦層を中心とした女性客からの依頼や要望を受けることが多い。快適な生活動線や家事の省力化などを提案するには、いかつい男性より女性スタッフのほうが適任だ。

担当者になった寺田さんは社長から、「ＳＮＳでは女性目線をウリに、親しみやすさをアピールしろ」と指示された。期待に応えようとみずからの写真やプロフィールを公開し、業界用語をわかりやすく解説するなどの工夫を凝らすことにした。

「すぐ返信」を求め怒る客

寺田さんは当初、SNSでのPRを会社のホームページの延長のように考えていた。工事の実例紹介や参考価格の提示、キャンペーン情報などを発信して、問い合わせが来たら返答すればいいといった認識だった。

ところが実際にはじめてみると、予想とはまったく違う。SNSならではの気軽さのせいか、「客というより友達のようなノリ」で問い合わせをしてくる人が少なくないのだ。

「たとえばペットを飼っている方を対象にリフォーム情報をアップすると、結構な反応があるんです。工事の依頼につながればありがたいですが、情報だけが欲しいというケースも多い。『キャットドア（猫が出入りするための小さなドア）の取り付け方法を教えてください』とか、自分が知りたいことを一方的に聞いてきます。そういう人でも、社長に言わせると潜在客だから無下にはできません。たとえ工事を依頼されたとしても、今度はお客様のフェイスブックをシェア（投稿記事を共有する）したりするので、どんどん作業が増える。自宅でSNSを更新することも多いんですが、給料には全然反映されません」

とりわけ負担を感じるのがクレーム対応だ。SNSに書き込まれた苦情は拡散しやすく、会社の信用にダメージを与えてしまう。迅速に対応しなくてはならないが、一社員である寺田さんの判断では回答できないことも多い。社長や工事関係者に連絡を取ったりする間、客からの怒りのコメントがどんどん溜まっていく。

しかも怒りの矛先は直接の担当者ではなく、SNSでの対応が遅い寺田さんに向けられるという。自身の写真やプロフィールを公開しているせいか、いわゆる個人攻撃にさらされてしまうのだ。

「お客様にすれば、すぐに返信してくるのが常識、という気持ちなのでしょう。それでなくてもイライラして、少しの時間も待てないというのはもっともだと思います。でも、SNS上でディスられる（けなされる）のは精神的にキツイです。暴言が頭から離れないし、次も同じようなことがあったらどうしようとか、不安が込み上げてきます」

SNSの担当をはずれたいと社長に訴えても、「ほかにできる人がいない」と聞き入れてもらえない。更新が滞ると「責任感が足りない」と叱責されるだけでなく、「今度はこうしたらどうか」などと勝手な意見を押しつけてくる。

SNSでは明るく情報発信をつづけているが、その裏では今にも折れそうな心を抱え、重い負担にあえいでいるという。

就職活動にもフェイスブック、ツイッター

東京都内の不動産関連企業で働く杉本明日香さん（仮名・二三歳）は、寺田さんとは違った意味でSNSの更新に追われた経験を持つ。大学時代、就活（就職活動）のためにフェイスブックとツイッターを利用、毎日の情報発信とネタ探しに忙殺された。

「大手企業への就職を希望していたので、大学三年生のとき就活塾に入ったんです。就活塾ではSNSを使った個人のブランディングの大切さを指導されました。自分はこんなに価値がある、会社に貢献できる人材だとアピールするわけです」

それまで利用していたSNSでは、誰と遊んだとか、何を食べたとか、日常のありきたりな内容を発信していた。だが、就活塾では「くだらないSNSで就活に失敗した事例」を次々と教えられたという。

「人事は就活生のSNSを見ている」、「履歴書にSNSのアカウントを書かせる会社がある」、そんなアドバイスを受けた杉本さんは、企業の採用担当者に見られることを前提に、SNS上の自分を作り上げることにした。

「過去のアカウントはみんな捨てて、就活用のSNSを作りました。たとえばプロフィー

ルには取得済みの資格だけでなく、TOEIC（世界共通の英語検定）に挑戦中ですって入れるとか。学外のサークル、ボランティア、ちょっとでも関係している団体をすべて書いて個人の信用を高めます。もちろん毎日の投稿もすごく大事です。企業セミナーで勉強してきました、OB訪問に行ってきました、○○社の社長さんの講演会に参加しました、こんな感じでアゲアゲの投稿ばかりするんです」

活動的な自分を見せるためには、当然ながら実際に行動しなくてはならない。業界研究や企業情報の収集、OB訪問だけでも大変だが、これらに加えて投稿用のネタ作り、話題になるような活動もする。第一志望にしていたある企業が地方の神社で商売繁盛祈願をしていると知り、わざわざ新幹線を使って参拝したこともあった。

「コミュニケーション能力が高く、使えそうな人」と思ってもらえるよう、杉本さんはさまざまな工夫をしたという。

「硬い話だけではダメで、ほっこり系（微笑ましい）のネタも大事なんです。たとえば自転車の鍵をなくして困っていたら、通りがかった人が助けてくれたとか。それって、私は他人に助けてもらえるような人間ですよっていう遠回しなアピールでもあるんです。まぁ、やりすぎると嫌味になるからバランスがむずかしい。とにかく毎日何を投稿しようか、そのためにはどうすればいいか、ＳＮＳ絡みのことで頭がいっぱいでした」

自分から発信するだけでなく、志望する企業や、そこで働く社員の情報チェックも怠れない。企業の採用ページで紹介されている先輩社員の名前を検索し、彼らが個人名で開設するＳＮＳをフォロー（相手の投稿が自分側に表示されること）してみる。こうすれば実際に働いている社員の日々の行動がわかるからだ。

大学の授業と就活、加えて毎日必死にＳＮＳを更新する。これだけがんばっているのだからいい結果が出るはずだ、そう信じて五〇社近くにエントリーした。ところが書類選考に落ちたり、一次面接から二次に進めなかったりとうまくいかない。

卒論やゼミ課題も進まず、心身ともに追い詰められながら、ＳＮＳでは元気のいい自分を演じなくてはならなかった。

「本当は内定取れずボロボロですと書きたいのに、ＳＮＳではネガティブな話題は厳禁だから、真逆の自分を出さなくちゃならない。そのころは精神的に不安定になっていたのか、楽しそうに歩いている人を見ると急に殴りたくなるとか、自分を落とした会社のＳＮＳを炎上（批判コメントなどが集中して収拾がつかなくなること）させてやろうとか、恐ろしい衝動に襲われてました」

卒業の半年前、現在働いている会社から内定をもらったことを機に、杉本さんは就活用のSNSを閉鎖した。以来、プライベートでもほとんどSNSを使っていない。「気づいたら友達がみんな消えていた」からだという。

「私のやり方にまわりの友達は思いっきり引いて、かなりイタい、ヤバすぎると言われてたみたいです。でも、友達の反応なんか意識できないくらい、自分を盛る（大げさに見せる）ことしか考えられなかった。就職できたことはうれしいですけど、人生をトータルで考えたら、もしかして大事なものをなくしちゃったのかなと思います」

「ソー活」が学生を追い詰める

フェイスブックやツイッター上での就活は「ソー活」と言われる。ソーシャルメディアを利用した就職活動の略だ。日本労働組合総連合会（連合）が実施した『就職活動に関する調査』（二〇一四年六月）によると、ソーシャルメディアを就職に活用した学生の割合は三一・五％とおよそ三人に一人だ。

「企業の公式アカウントをフォローした」（一一・八％。複数回答）、「就活仲間とつながりを持った」（一〇・八％）などの利用法だけでなく、「ホンネを書くアカウントを特定されないようにした」（四・二％）、「良い人材に見られるような投稿をした」（二・二％）と、さまざまな対策を講じている。

一方で、「ソー活をしていない」と答えた割合は六八・五％に上る。日常的にSNSを利用している彼らが就職活動において慎重な姿勢を示すのは、それだけ「ソー活」がむずかしいからだろう。先の杉本さんが就活塾で「くだらないSNSで就活に失敗した事例」を教えられたように、SNSでは良くも悪くも個人が可視化される。

実際、「ソー活をしなかった理由」として「自分のプライベートな情報は知られたくないから」（三六・五％）、「SNS上でボロが出るのが怖いから」（一六・四％）とあり、SNSでの自分を見られることへの不安は強い。

就活生が利用する各種の就職情報サイトでは、「何気なくつぶやいた一言や、ウケをねらった写真が就活失敗の原因」、「NG投稿で人生を棒に振る」といった注意書きも散見される。

たとえば「お酒に酔ってどう家に帰ったのか覚えていない」、「彼氏の家に泊まりに行った」などの投稿。学生にとっては単なるプライベートなつぶやきでも、企業側からすれば「不適切な人材」と見なされかねない。「○○社の面接官が親切だった」といった一見ポジティブな書き込みでも、「ほかの企業から見るとNG」になる。

だからといってSNSを利用しなければ、「コミュニケーション能力が低そう」、「友達がいないのか」、そんな印象を与える可能性があるためこれまたNGだという。

就活ニュースサイト「JOBRASS」の調査（二〇一五年八月）によると、人事採用担当者の三七・七％が採用の候補者をSNSで検索すると回答。また、一九・八％が「投稿内容を重視する」と答えている。

それでなくてもシビアな就活に、「ソー活」というむずかしさが加わる。学生たちはどんな自分を見せるか、どう見てもらうかを意識して、日々SNSと向き合わざるを得ない。そこには相応のメリットの一方で、思いがけず人生を棒に振ってしまう、そんなリスクもある。

なんとか「ソー活」を乗り越え、志望の会社に就職できたとしても、今度は支給された業務用スマホで日々の行動を監視されるかもしれない。ネット上で集客する「SNSマーケティング」の担当者に指名され、日夜更新に追われることもあり得るだろう。

「ソー活」は単なる入口に過ぎず、これからの長い社会人生活をずっとスマホに束縛されていく。そんな可能性を考えたとき、メリットとリスクの比重は、果たしてどちらに傾くのだろうか。

第5章　「廃」への道

者だ。

依存症の子どもたちを救うには

二〇一五年八月、群馬県前橋市の「国立赤城青少年交流の家」で八泊九日のキャンプが開かれた。参加者は一三歳から一九歳までの男子一二名、いずれもオンラインゲーム依存者だ。

キャンプは彼らを一時的にネット環境から離し、生活改善のきっかけを作る目的で行われた。パソコンやスマホのない場所で集団生活を送り、食事作り、屋外体験、創作活動などをする。ネット依存に関する学習会やカウンセリングも実施された。

国立青少年教育振興機構が公表した報告書（二〇一六年三月）によると、キャンプ参加前のゲーム使用時間は一日平均で約八・二時間、最大で一五時間に及ぶ。オンラインゲームをはじめた年齢の最少は四歳だ。

家族への暴力や暴言、対人不安などの問題を抱えた彼らは、キャンプでの体験を経てゲーム使用時間が減少した。さらに、自己効力感やコミュニケーション能力の向上といった効果が見られたという。

このキャンプは、二〇〇七年から韓国で行われている「レスキュースクール」を先例としたものだ。韓国のレスキュースクールは全国一六ヵ所の施設を利用、夏休みや冬休みの期間に一一泊一二日の日程で実施されている。

参加者にはメンターの大学生ボランティアが二四時間付き添い、身近な相談役として交流を深める。レスキュースクール修了後も参加者とメンターの交流は継続され、医療や教育面からも長期的なフォローアップ体制が整う。こうした取り組みの背景には、韓国が「ネット依存先進国」に陥ったという経緯がある。

一九九七年に起きたアジア通貨危機により国家経済が破たん状態となった韓国では、危機を脱するために政府主導でIT環境の普及を推進した。その結果、IT系の世界的企業が育ち、オンラインゲームやネットコンテンツ産業が躍進する。

日本で人気を集めるネットやスマホゲームでも、実際には韓国のゲーム会社によって製作されたものが少なくない。また、国内に六八〇〇万人のユーザーを抱えるLINEは、韓国の大手IT企業NHN（現ネイバー社）が二〇〇〇年に設立したハンゲームジャパンから発展したものだ。

IT産業が大きな成果を生み出した韓国だが、一方でネットやゲームへの依存者が急増し、深刻な社会問題となる。二〇〇四年に実施された全国調査では、九歳～一九歳のネット依存率が二〇・三％、二〇歳〜三九歳が一四・六％、推計で約三二三万人に上った。翌〇五年には長時間のオンラインゲーム利用に起因した急性疾患などにより、年間一〇件の死亡事例があったことが表面化している。

こうした事態を受け、〇七年には国内一二八ヵ所の青少年相談センターが医療機関と連携、ネット依存の治療、対策に乗り出す。さらに〇九年からは、小学四年生、中学一年生（一〇年から追加）、高校一年生（一一年から追加）を対象に、ネット依存度の全国調査を定期的に実施した。

「シャットダウン制」という取り組み

一連の取り組みの中でも国内外から注目を集めたのが、二〇一一年に導入された「シャットダウン制」だ。

深夜〇時から翌朝六時までの間、オンラインゲームにアクセスする際にはＩＤ番号の登録が必要となる。一六歳未満の青少年にはこのＩＤが付与されないため、要は「一六歳未満の子どもは深夜のゲームを全面禁止」という規制を実施した。ちなみに韓国では、日本のマイナンバーに相当するものを利用してインターネットに接続するため、年齢や時間帯に応じての制限が可能となる。

幅広い対策や規制を実施した結果、韓国のネット依存者は減少傾向となった。二〇〇四年時点で約三二三万人と推計された依存者が、一〇年には約一七四万人と半数近くまで減ったのだ。

韓国の取り組みに対し、日本でネット依存問題に関わる研究者や医療関係者の賛同が集まる一方で、対策の遅れが深刻な国内への危機感が増した。ネット依存者の治療を行う成城墨岡クリニックの精神科医・墨岡孝医師はこう話す。

「日本では、子どもや若者のネット依存に関する公的な対策がまったくと言っていいほどありません。行政や医療的な対応がないまま、事態が悪化していると感じます。一旦、依存状態に陥ると、そこから抜け出すのは容易ではない。心身の健康や社会生活への影響が出る前に、予防教育と社会的な体制作りが必要でしょう」

長年、子どもの現場やネットに関わるさまざまな実態について取材してきた私も同感である。特に「予防」、「子どもを守る」という観点からは、シャットダウン制と同様の対策を実施すべきだと感じてきた。

ところが、日本の対策が遅々として進まないだけでなく、「依存先進国」の韓国でさえ大きな方針転換が行われることになった。それは、シャットダウン制の見直しとゲーム産業への支援強化だ。

シャットダウン制が導入されたことにより、韓国のゲーム産業は大きな打撃を受けた。韓国コンテンツ振興院の『二〇一五年ゲーム白書』によると、一〇年に二万六五八社だった国内のゲーム会社が一四年には一万四四四〇社と、わずか四年で三割が倒産した。白書では、シャットダウン制がゲーム産業への否定的な認識を広めたと指摘、約一三〇〇億円の経済損失をもたらしたと分析している。

かつて政府主導で躍進させたゲーム産業が衰退するという事態を受け、韓国政府は一転して規制緩和に乗り出した。そのひとつがシャットダウン制を全面禁止から「選択制」にするというものだ。具体的には、保護者の許可があれば深夜でも子どものオンラインゲーム利用が可能となる。

一方で「ゲーム文化振興計画」を打ち出した。国を挙げてゲーム産業の活性化や人材育成を促進し、いわばゲームで儲ける道を進むことになった。

スマホゲームは一兆円産業へ

こうした方針転換は、おそらく今後の日本にも影響を与えていくだろう。韓国のネット依存対策が後退することで、日本での対策や規制はますますむずかしくなる可能性が高い。それでなくても各国のオンラインゲーム、ネットコンテンツ産業の競争は激化している。韓国のゲーム産業が規制によって低迷する間、中国のゲーム会社がシェアを拡大した。日本国内においても、人気を集めるスマホゲームではゲーム会社同士の開発競争が激化している。

消費者庁の『スマホゲームの動向』（二〇一六年三月）によると、国内のゲームアプリ市場は七一五四億円（二〇一四年）、一年間で六〇・八％も増加した。二〇一七年以降は一兆円産業になるという経済予測もある。

一方で、開発費や宣伝費の高騰、技術革新への対応などにより今後の成長は鈍化すると見られている。

パイの奪い合いが起きることが予想されるが、ではそのパイとは何かと言えば、ゲームを利用する人たちだ。先の報告書ではスマホ利用者のうち、スマホゲームで遊んだ経験を持つ人は六八・九％と七割近い。このうち二四・三％は、ガチャやアイテム購入などでお金を使っている。

課金経験者を対象にしたスマホゲームの利用頻度では、中学生がもっとも高い。五五・四％が「毎日」、一八・八％が「ほとんど毎日」と答えており、七割以上が日常的にスマホゲームで遊んでいる。

未成年と成年の課金先を比較すると、未成年では四三％がガチャにお金を使い、成人の三二・八％に比べて一〇％も多いのだ。

利用者の課金は、ゲーム会社にとって大きな収入源となる。「毎日遊んでくれて、お金も使ってくれる」、そんな未成年者に規制をかけることは、それこそゲーム産業にとって少なからず打撃となるだろう。

ゲーム産業を守るか、あるいは子どもたちへの依存対策を取るか、現時点の日本ではシャットダウン制のような規制の実施予定はない。Ａｎｄｒｏｉｄ端末では、すでに「利用時間制限」を設定できるアプリが提供されており、技術的にはなんら問題はないはずだが、それでも公的な対策は遅々として進まない。

一方で、莫大な宣伝費をかけたゲーム広告が日夜子どもたちを刺激する。「今こそ勇者になれ！」、「この感動に乗り遅れるな」、「女の子だったらみんな大好き」、そんなキャッチコピーを冠したスマホゲームが彼らを誘惑しつづける。

日本小児科医会と日本医師会は二〇一七年二月、『スマホの時間　わたしは何を失うか』と題したポスターを作製し、全国約一七万人の会員に送付、診療所などで掲出すると発表した。青少年の過度のスマホ使用に対して、以下六つの視点から警鐘を鳴らしている。

- 睡眠時間：夜使うと睡眠不足になり、体内時計が狂います
- 体力：体を動かさないと、骨も筋肉も育ちません
- 学力：スマホを使うほど、学力が下がります
- 視力：視力が落ちます
- 脳機能：脳にもダメージが!!
- コミュニケーション能力：人と直接話す時間が減ります

おとなの想像を超える子どものスマホ利用

これまで述べてきたように、スマホの急速な普及によって世代や生活環境を問わず多様な現象が起きている。

乳幼児にはスマホが「子守り」のように関わり、成長記録やしつけ、遊びまでさまざま

なアプリが使われている。高齢者は詐欺的な被害に巻き込まれ、主婦はお小遣い稼ぎにハマって家庭生活を疎かにしてしまう。サラリーマンは位置情報や行動を把握され、勤務時間外でも容易にスマホを手放せない。

それぞれ問題はあるにせよ、私が個人的にもっとも懸念するのはスマホと子どもとの関係だ。特に、中学生や高校生のスマホ利用はおとなの想像を超え、あらたな問題を生み出している。

たとえば「いじめ」である。ネットいじめ、SNSいじめ、そんな言葉は伝えられても、その実態はなかなか表面化しない。「LINEで悪口を書かれたことを苦に中学生が自殺した」という報道があっても、どんな被害を受け、どれほど苦しかったのか、おとなの理解はなかなか深まらない。

特に学校現場での対応は後手にまわっている。二〇〇九年の文部科学省の通達により、全国の公立小中学校では携帯電話（スマホ）の校内持ち込みが原則禁止されている。学校内では使えないのだから、イコール「学校内ではスマホ関連のいじめが起きない」という解釈になる。

自治体によっては「小学生以下の携帯電話（スマホ）利用禁止」といった独自のルール

を設ける場合もある。こちらも「携帯やスマホを持っていないのだから、いじめもない」というわけだ。

いずれも「ない」という前提だから、具体的な対策など講じようがない。ある地方の教育委員会トップを取材した際、こんな本音が聞かれた。

「子どもにスマホを買い与えて、使わせているのは保護者でしょう。学校外で使用して何かのトラブルが起きたとしても、学校がどう責任の取りようがありますか。たとえば保護者が買った自転車に子どもが乗っていて、街中で暴走して事故を起こしたとき、学校の責任にはなりませんよね？　それと同じように考えると、学校がどこまでスマホいじめに対応すればいいのか。そもそもＬＩＮＥなんかやったことがないという教職員も大勢いて、使い方もわからないのにどう指導すればいいんだって話ですよ」

トップの言うことにも一理あるだろう。「買い与え、使わせている」保護者には相応の責任があって当然だ。一方で、ネットいじめやＳＮＳいじめの多くは学校での人間関係の延長線上で起きている。同じクラス、部活動、先輩後輩、そんな関係性の中で生じたトラブルがＳＮＳなどを通じて増幅するのだ。

そう考えると、学校と保護者が子どもの現状を共有し、一致協力して問題に取り組む必要があるだろう。だが、先のトップが言うように「LINEなんかやったことがない教職員が大勢」では、積極的な取り組みなどむずかしい。保護者にしても「うちの子に限っておかしな真似はしない」、「学校がなんとかしてくれる」と、他人事のように構えていたりする。

いじめを受けた子どもは身近なおとなに相談できず、たとえ相談したとしても適切な対応をしてもらえない。役にも立たない精神論を言われたりして、ますます窮地に追いやられてしまう。

時間、場所、方法を問わずいじめがつづく

スマホを使ったいじめには、概ね次のような特徴がある。「言葉」、「画像」、「多数の同調」だ。

言葉によるいじめは、「死ね」、「キモイ」などの誹謗中傷を執拗に繰り返したり、根も葉もない噂を流したりするもの。

画像とは、写真や動画を利用して相手を貶めるいじめだ。たとえば校内のトイレで用を足す同級生の様子を隠し撮りし、排泄姿の写真をSNSで拡散する。写真を撮られた当人

にすれば、気づかないうちに「恥ずかしい姿」が多数の人にさらされてしまう。

こうした誹謗中傷や悪質な画像に、多数が同調していく。「煽り」などと呼ばれるが、要はみんなでおもしろがって被害者を追い詰めるのだ。

おまけに、時間や場所、方法を問わずに起きる。深夜だろうが休日だろうが暴言が送りつけられ、外からは見えにくい形で陰湿に実行されていく。

具体的にどのようないじめが起きているのか、保護者や学校関係者への取材をもとに事例を挙げてみよう。ただし被害者のプライバシーに配慮し、概要にとどめることとする。

・ケース①
中学二年生の女子。進級後、クラスに馴染めずになかなか友達ができなかった。ある日、リーダー格の女子から「LINEをやろう」と誘われたため、友達登録用にメールアドレスを伝えた。

その夜、数人の女子から「招待」が来た。承認すれば互いに友達として登録され、メッセージ交換やグループ作成ができる。わくわくしながらLINEの画面を見ていると、早速グループに招待された。

ところがグループ名は「河野がキモイと思う人の集まり」というもの。「河野」は女子生徒の苗字、つまり彼女は自分のことを「キモイ」と中傷するグループに入るよう誘われた。

・ケース②

中学三年生の男子。同級生宅に数人の男子生徒と宿泊、深夜までスマホゲームで遊んでいた。敗者は罰ゲームで一枚ずつ服を脱ぐことになり、負けつづけた生徒はパンツ姿になった。これ以上負けると全裸になってしまうため、代わりにパンツ姿で踊ることにしたが、別の生徒が一連の様子を動画撮影していた。

後日、男子生徒の名前とともに「変態」、「性犯罪者」などのコメントがついた動画がSNSで拡散された。

・ケース③

中学三年生の女子。成績優秀でクラスのまとめ役、LINEでも友達とグループを作り交流していたが、突然、誹謗中傷のメッセージが大量に送りつけられるようになった。「最近、調子に乗っている」、「生意気」、「みんなを不愉快にしている」といった内容だ。

謝罪を要求されたため従うと、今度は「謝り方がなってない」と責められた。「本当に悪いと思うなら死んで謝れ」、「死ぬと約束する様子をツイキャス（自分で撮影した動画を実況中継できるアプリ）しろ」と執拗に言われる。

やむなく「死んでお詫びします」と話す自分の姿を撮影、グループのメンバーに動画を送った。

罪悪感に乏しい加害者

これらのいじめは、相手に指一本ふれることなく、それでいて相手を容易に傷めつける。被害者と加害者という当事者間のみならず、ほかの生徒や学校以外の場所にもたちまち広がっていく。しかも、一旦広まった言葉や画像を完全に消し去ることはほぼ不可能だ。被害者にすれば、一生悪夢を背負っていくことにもなりかねない。

一方で、加害者は罪悪感に乏しい。いじめに加担した生徒は、「ちょっといじっただけ」、「ノリでやった」、「みんながやっているから、まぁいいかと思った」などと口にする。同級生をいじめた経験のある中学三年生の男子生徒はこう話した。

「リアルで相手を殴るとかは無理、絶対できない。死ねとかキモイとか、口に出して言うのはこっちも緊張してやりにくいです。でも、LINEとかで悪口言うなら、人に向かって言ってる感覚がない。みんながどんなノリか（スマホの画面で）すぐにわかるし、自分だけじゃないならいくらでも叩いてやろう、そんなふうに抵抗がないんですよね」

表向きは仲良しグループだったが陰では特定のメンバーを嘲笑し、「めしウマ（飯がうまいの略。他人の不幸を笑う様子）だった」と話すのは高校二年生の女子生徒だ。

「わざと相手を持ち上げて、調子こく様子をみんなでネタにしてました。仲間内で毎日何時間もLINEをやってると話題に困るんですよ。自慢話はできないし、何食べたとか、今何してるとか、そういう話ってつづかないじゃないですか。でも、誰かをネタにしてるときは自然に盛り上がれるし、一体感があったんです。積極的にいじめようと思ってたわけじゃなく、いじめているという感覚もなかった。おもしろい話題がないと仲間内でなんか白けるから、まぁいいかという感じでしたね」

社会学者の内藤朝雄氏は、いじめを「暴力系のいじめ」と「コミュニケーション操作系のいじめ」に分類している（『いじめの構造』講談社現代新書）。暴力系のいじめとは文字通り殴る蹴るや、金銭を脅し取るなど直接的な攻撃だ。一方、コミュニケーション操作系は、無視やからかい、悪い噂を流布させたりする間接的ないじめである。

先の生徒たちが言うように、スマホという機械を使うことで間接的に、また簡単にコミュニケーション操作系のいじめが成立する。加害者が被害者を中傷するだけでなく、加害者同士のコミュニケーションも容易であり、傍観者的に見て見ぬふりをする子どもたちまで巻き込むことができる。

同調圧力が強い日本の子ども集団では、「みんなでやる」ことに異を唱えるのはむずかしい。みんなでやることをひとりだけやらなければ、「和を乱した」という理由で今度は自分がいじめられる恐れもある。

誰かを殴ったり蹴ったり、直接的に暴言を吐くことはできない子どもでも、スマホを通じてなら「人に向かって言ってる感覚がない」、そんなノリを持てるのだろう。

こうした現実感の希薄さは、いじめの問題にとどまらない。興味や好奇心、その場の欲求に任せた挙句、自分で自分の人生を傷つけるようなケースも増えている。たとえば性的画像の自撮りだ。

「自撮り」で過激な写真を投稿する

自撮りとは、スマホのカメラアプリなどを使い、自分で自分の写真を撮ることを言う。

撮影した写真をインターネット上に投稿したり、ＳＮＳで共有してコミュニケーションを取ることも多い。たとえばデカ盛りご飯を食べている様子を自撮りしてＬＩＮＥに投稿し、それを見た友達から笑顔の自撮り写真を返される。文字や言葉に限らず、今では写真も日常のコミュニケーションツールなのだ。

生活風景やプライベートの様子を撮影するだけでなく、過激な写真を自撮りする子どもも増えている。インターネットの写真投稿サイトには、一〇代前半と思われる少女のヌード写真や、高校生の性行為画像が散見される。

投稿者みずからが、「一三歳のバースデー記念でハダカになってみました」というプラカードを胸の前で掲げていたり、顔を手で隠しながらも下半身を露出させ、「激しいエッチ撮り」などとコメントする写真もある。

インターネット上への投稿のみならず、性的な自撮り写真を特定の個人に送信する子どももいる。二〇一六年八月には、佐賀県内の女子中学生が自撮りした体の露出画像を同じクラスの男子生徒に送信、この男子がＬＩＮＥで拡散したというニュースが報じられた。両生徒とも「ノリでやった」と話しているが、当の画像は他校の生徒にまで広がっていたという。

また、同年十一月には小学生の女児に裸の写真を送らせた男（四七歳）が逮捕されている。性的画像を自撮りした女児は、「LINEの有料スタンプをあげる」と誘われていたが、そもそもは子ども同士で「パンツの画像を送ればスタンプをくれる人がいる」という噂が広がっていた。女児は友達からこの話を伝えられ、男とLINEで直接連絡を取っている。

リアルの生活場面なら、見知らぬ中年男の前で進んで裸になる小学生の女の子などまずいないだろう。それがスマホを通じてなら、たかだか一〇〇円程度の有料スタンプ欲しさで裸になれるのだ。

警察庁の調べによると、二〇一六年上半期（一月〜六月）に児童ポルノの被害に遭った一八歳未満の子どもは過去最高の七八一人に上った。このうち、スマホの自撮り写真を送信したことで恐喝などの被害を受けた子どもが二三九人、前年同期の一・五倍に上っている。

被害者の内訳は中学生が一三五人でもっとも多く、高校生は八三人、小学生も一六人いた。加害者とは面識がないケースが約八割、このうち九割はSNSを通じて知り合っている。

多くのケースでは、金品をプレゼントすると言われたり、「好きだ」、「かわいい」といった甘言にそそのかされ、子どもみずからが自撮り写真を送ってしまう。送った写真を「ばらまくぞ」と脅され、より過激な要求をされる場合も多いという。

公表された被害者数は警察が摘発した事件のうち、身元が特定されたものに限られる。性的な写真を撮ったのが誰なのか、個人が特定されなければカウントしないため、実際の被害はさらに多いとみられている。

小学生の女児に裸の写真を送らせた男のＬＩＮＥには二七〇〇人が「友達登録」されていたが、被害を立件できたのはわずかに二人だった。

「ＪＫビジネス」は「女の子の新しい仕事」？

スマホはさまざまな面で子どもの世界を変えているが、とりわけ大きな問題は「おとなとのつながり」だろう。現実の社会では、おとなと子どもの間に確固たる境界がある。飲酒や喫煙は成人後に限られるし、就職や結婚には法的な年齢制限が設けられている。

そもそも子どもが見知らぬおとな、それも不特定多数のおとなと出会い、簡単に友達になるようなことはあり得ない。

ところがスマホを手にすると、SNSやゲーム、コミュニティサイト、自撮り、いくつもの方法で易々とつながっていく。自在にスマホを使いこなし、おとな以上におとなの世界を見てしまう子どももいる。典型的な例が「JKビジネス」だ。

「JK」は女子高校生の略、つまりJKビジネスとは女子高校生であることをウリにしてお金を稼ぐビジネスだ。客と一緒に街を歩く「JKお散歩」、制服姿の女子高校生と会話やゲームを楽しむ「JKカフェ」、添い寝やマッサージなどを提供する「リフレ（リフレクソロジーの略）」などさまざまな業態がある。

警視庁の調査（二〇一六年一月）では東京都内だけで一七四店が確認されていたが、児童福祉法や青少年保護条例等の規制、取り締まり強化により、最近では「無店舗型」が増えている。レンタルオフィスとホームページ、それにSNSを利用すれば、客への対応と働く女子高校生の管理が可能だからだ。

利用客はホームページから日時やコースを選んで申し込みをする。一方の女子高校生側も、求人サイトやSNSを通じて応募する。JKビジネス専用の求人サイトでは、概ね次のような文言が掲載されている。

〈女子高校生ツアーガイド大募集！　今だけ限定の高時給を保障。一日三時間のツアーガ

イドで二万円以上稼いでいる女の子多数！〉

〈履歴書不要。面接日はあなたの都合のいい日に設定できます。また、個人情報が流失することは絶対にありません〉

〈誰でも簡単。空いている時間を使って、かしこく稼いでください。当社は芸能事務所と提携し、モデルやアイドルデビューしている女の子が多数います。なんでも相談できる優しいスタッフ、明るいキャストがいっぱいです〉

〈当社は優良事業者として認定され、営業許可を受けています。強引な勧誘や契約違反等は一切ありません〉

ここで言う「ツアーガイド」が、実際には「お散歩」である。単に街を歩くだけではなく、「手をつなぐ」とか、「一緒にカラオケで歌う」などのオプションもあり、性的な行為は「裏オプ（裏のオプション）」と呼ばれている。運営会社と女子高校生はＳＮＳで随時メッセージ交換し、報告や指示などの連絡を取り合う仕組みだ。

株式会社ステップ総合研究所が東京都内の中学生と高校生五一五人を対象に行った『ＪＫビジネスに対する中学生及び高校生等の意識』（二〇一六年三月実施）調査では、六二・九％が「ＪＫビジネスを知っている」、九・五％は「実際に働いている子を知っている」

と回答した。

　また、「ＪＫビジネスで働くことについてどう思うか」（複数回答）という質問に対し、「お金に困ってのことだからしょうがない」二二・九％、「働いている子も客も喜んでいるのだから問題ない」一〇・五％と、肯定的に捉える子どもが少なからずいる。さらには、「これも今の社会で、お金になる女の子の新しい仕事だ」という回答が八・三％、積極的に受け入れるような姿勢さえあるのだ。

「身近なおとな」にはわからない世界で

　こうした意識の背景には、倫理観の欠如といった問題だけでなく、そもそも「やろうと思ったら簡単にできる」というシステムの存在が大きい。求人サイトを見るのも、応募するのも、客や運営会社と連絡を取り合うのも、スマホさえあればいつでも可能だ。

　最近ではスマホのビデオ通話機能を使った「ライブチャットモデル」でお金を稼ぐケースも現れている。ライブチャットとは、テレビ電話のように双方の姿を見ながら会話するものだ。

　スマホがあれば自室でもできる上、直接客と会う必要がない。わざわざ求人サイトからアルバイトに応募しなくても、SNSを通じて知り合った男性と直接連絡を取り合い、個人同士で「価格交渉」をすることもできる。

「おしゃべりするだけでお金が稼げる」といったクチコミが広がっているが、「服を脱いで」などと要求される場合も少なくない。従来の常識で考えれば、見知らぬ男に裸を見せるなどそう簡単な話ではないだろうが、先のSNSいじめや過激な自撮り投稿と同様、現実感覚が希薄なまま、その場のノリに任せて行動してしまう。「性器を露出する」、「自慰行為を見せる」、そんな「裏オプ」さえ、スマホを通じて行うことで抵抗感が薄れるようだ。

むろん、スマホそのものが悪いわけではなく、その「使い方」や「使う側の意識」に問題があることは言うまでもない。一方で、使う側の子どもたちは知識も社会経験も未熟だ。判断力や洞察力に乏しく、いわゆる「世間知らず」である。

リアルの世界の彼らは、保護者や学校、法律や社会的ルールによって守られている。たとえばゲームセンターへの入店。各自治体の条例に多少の違いがあるが、子どもだけで利用する場合、一六歳未満は午後六時以降、一八歳未満は午後一〇時以降の入店は禁止されている。「青少年を守るため」に規制が設けられ、犯罪被害や、おとなとの不用意な接触を防ぐための対策が講じられている。

ところがスマホを利用すれば、夜通しオンラインゲームをつづけられる。見知らぬおとなとチームを組んだり、ガチャやアイテム購入のために課金することもできる。おまけにこうした状況を、保護者や教師は容易に把握できない。子どもが「見知らぬおとな」とつながっていることが、「身近なおとな」にはわからないのだ。

それでなくても世間知らずの彼らは、ほとんど無防備のまま、スマホを介して展開される世界とダイレクトに向き合わざるを得ない。そこには「やろうと思ったら簡単にできる」システムに加えて、十分に世間を知り尽くしたおとなたちがいる。スマホという機械の向こう側には、利益を得るためのビジネス戦略や巧妙な誘導が待ち構えているのだ。

実際にどのような仕組みになっているのか、ＪＫビジネスを経験した女子高校生の例を挙げてみよう。

コスプレモデルで三時間一万円

東京都内に在住する華絵さん（仮名・一八歳）は演劇部に所属、ファッション系の専門学校への進学を目指す。そんな彼女は一六歳から一七歳の一年間、ＪＫビジネスで働いていた。仕事の内容はコスプレで、アニメやゲームの登場人物を模した格好をし、マンションの一室で撮影会をしたり、客とカラオケに行ったりする。

もともと華絵さんは、自宅近くのフードコートでアルバイトをしていた。月に二万円ほどの収入を得ていたが、友達と外食したり、好きな洋服を買ったりするとたちまちなくなってしまう。そんなとき、アルバイト仲間から「JK求人サイト」を教えられた。

早速スマホでサイトを見ると、「現在登録中の女子高生二万人」、「本日の新規登録一五〇人」という表示が目に飛び込んできた。「アイドル」、「撮影会」、「ゲームキャスト」、「コスプレ」、「カラオケ」、「観光案内」などとジャンル別に求人があり、実際にアルバイト中という女の子の写真やコメントが載っている。華絵さんは「怪しい」と感じつつ、女の子たちのコメントには興味が湧いた。

〈ここのサイトは匿名で応募できるし、しつこい勧誘は一切ナシ。個人情報が漏れる心配がないから安心してバイトできるよ。スタッフもみんな優しいし、いろんな高校に通う女の子と友達になれて毎日メッチャ楽しい〜〉

こんなコメントを読むうち、「匿名で登録だけでもしてみようか」という気持ちになった。ちなみに登録は無料、サイト内で指定された項目を書き込んでいくだけだ。

「モモ」という仮名を使い、自分の年齢やメールアドレス、趣味、学校では演劇部に所属しているといったプロフィールを記入した。すると、「演劇部のモモさんに、演技力を生かしたお仕事をご紹介します」というスカウトメールが送られてきた。「一日だけのコスプレモデル」だ。

〈一日限定の撮影会コスプレモデル緊急募集。三時間で一万円。はじめての女の子、不安な女の子でも大丈夫。お仕事現場は女性スタッフが完全マネージメント。優しい女性スタッフが全力でサポートします〉

華絵さんは、スカウトメールにあった「女性スタッフ」という言葉に驚いた。JKビジネスを仕切るのは男性、それもちょっとコワモテの男性だと予想していたからだ。一日限定、しかも女性スタッフがいてくれるなら安心だ、そう思った華絵さんはこのアルバイトに応募する。

当日、指定された撮影会の場所は繁華街近くのマンションの一室。恐る恐るドアフォンを鳴らすと、三人の女性がにこやかに迎えてくれた。この女性たちが「優しいスタッフ」というわけだ。

一日だけのアルバイトは簡単に終わる。撮影会に集まった客は一〇人ほど、アルバイトは華絵さんを含め四人で、アニメキャラクターなどのコスプレをしただけだ。約束の一万円を現金で受け取り、女性スタッフや他のアルバイトの女の子と食事に行った。「女子会」のようなノリで楽しく会話し、LINEの友達登録をするころには、華絵さんの不安はすっかり消えていた。それどころか、こんなに簡単にお金を稼げる方法があったんだ、と感激したという。

こうして華絵さんは、本格的にJKビジネスで働くことを決めた。女性スタッフはアルバイトの女の子たちの恋愛相談に乗ったり、宿題を手伝ってくれたりと、まるで「優しいお姉さん」のようだった。むろん「優しいお兄さん」の場合もあり、「おまえってほんとかわいいな」、「今まで見てきた女の子の中で最高だ」、そんな甘言で彼女たちの気持ちをつかむ。

お金が稼げる、加えて居場所やサポートもあることで、女の子たちは「恩」を感じる。親切にしてくれるのだからがんばらなくては、支えてくれるスタッフを裏切れない、そんな心境に陥ってしまう。いわば心理的にコントロールされると、過剰なサービスや性的な「裏オプ」を勧められても断りにくくなる。

所属する女の子たちの競争心を煽る業者もある。SNSで各自の売上ランキングを一斉送信し、上位の女の子には特別ボーナスを支給したり、食事会に招待したりする。食事会を写真に撮ってまた送信、いかにも楽しげな様子を見せつけ、女の子同士が張り合うように仕向けるのだ。

ネットに自分のことを書き込まれる可能性

一連の流れには、綿密なビジネス戦略や巧妙な誘導だけでなく、あらゆる場面でスマホが関わっている。「入り口」は求人サイトやSNS、スタッフと「友達」になったり、客や運営会社と連絡を取り合うのもスマホだ。同じように働く仲間の状況は、LINEやツイッターを通じて瞬時に共有される。

高時給やアイドルデビュー、特別ボーナスや食事会といった情報は女の子の欲求をくすぐり、いっそう無防備に飛びついていくことにもなりかねない。

一方で深刻な事態も起きている。警視庁の『いわゆるJKビジネスにおける犯罪防止対策の在り方に関する報告書』（二〇一六年五月）では、客による強制わいせつやストーカー行為、店を辞めたいのに辞めさせてくれない雇用関係のトラブルなど、いくつもの被害事例が報告されている。

いずれも看過できない問題だが、ここで注目したいのは、「客がインターネット上に自分のことを書き込んだ」という被害事例だ。SNSで連絡を取り合ったり、散歩やリフレなどで交流する際に、自分の情報が相手に伝わる可能性は否定できない。「裏オプ」の性的画像を隠し撮りされるようなこともあるだろう。

前出の「ライブチャットモデル」も同様で、ビデオチャットで顔や体をさらす以上、その画像が悪質な形で利用される危険性は大きい。

ところがこうした情報は、当の子どもたちにほとんど認識されていない。いつでもどこでも、多様な情報が入手できるはずの情報化社会でありながら、「どんな被害が起きているか」、「どのような危険性があるか」といった肝心の情報は届いていないのだ。

インターネット検索をすれば警視庁の報告書を読むことはできるが、そこにはお役所特有の難解な表現が並んでいる。たとえば強制わいせつの被害なら、「男性客が、JK散歩店で稼働する女子従業員（17歳　高校生）と『散歩』中にカラオケボックスに入店し、同女の下着を買った後、同女に手淫させたもの」といった調子だ。公的な文書であり仕方ない面もあるが、少なくとも当事者である女子高校生には「響かない」だろう。

逆に、「オイシイ情報」はいとも簡単に届く。先の華絵さんが「一日限定の撮影会コスプレモデル」というスカウトメールを受け取ったように、欲求や願望につけ込む情報はダイレクトに入手できるのだ。

とはいえ、その情報は綿密に計算された誘導にほかならない。「簡単にできる」、「みんなやってる」などとハードルを低くし、実際にモノやお金を与える。安心させ、喜ばせ、「がんばれば、もっといいことがある」と駆り立てるような情報を提供する。

何もＪＫビジネスに限った話ではなく、第2章で書いたソシャゲにしても同様だ。「強くなりたい」、「友達を増やしたい」、「誰かにほめられたい」、「おもしろいことを体験したい」、そんな欲求を刺激する仕掛けがいくらでも用意されている。

そこにはリアルのゲームセンターのように、「一六歳未満は午後六時以降、一八歳未満は午後一〇時以降の入店禁止」、そんな規制はない。スマホを駆使する子どもたちは、みずからの乏しい社会経験や判断力だけで、玉石混交の情報が錯綜するネット社会に対峙せざるを得ないのだ。

受動的になっていく情報摂取

好奇心を刺激し、欲求をくすぐるような情報であればあるほど拡散し、広く共有されていく。これもまた情報化社会の一面だ。

膨大な情報、次々と更新されるニュースに、私たちはどういうツールで接しているだろうか。二〇一六年三月、LINE株式会社が『世代間のニュースサービス利用に関する意識調査』を公表した。一三歳〜六九歳のスマホユーザーを対象に、利用するニュースサービスや媒体について調べたものだ。

調査結果では、「スマホ」でニュースを得る割合が八四％に達し、「パソコン」(三七％)や「新聞」(二九％)を大きく上回っている。

スマホのニュースサービスは年代によって利用傾向が異なり、二〇代以下はLINEをはじめとしたSNSと、まとめ系サイト(ネット上の記事や情報などを集約して紹介するサイト)の利用率が高い。特に、「スマホネイティブ」と呼ばれる一〇代、インターネット上のサービス利用をスマホだけで完結する世代では、SNSでの情報取得が定着しつつある。

注目したいのは、「ニュースに対する考え方」だ。一〇代では、「自分でニュースを見に行くより定期的に配信されるほうが楽だ」とする割合が二五％と四人に一人。能動的に情報に接するよりも受動的に、与えられたものをそのまま受け入れる姿勢が見て取れる。

　また、ニュースの本文については「見てすぐ内容がわかるようにシンプルで短いほうがいい」の割合が三三％に上る反面、「長くても多くの情報が載っているほうがいい」は一四％に過ぎない。早く見て、簡単に処理できる、そんな情報が優先されるのだ。

　実際、取材で会う一〇代の子どもたちは、「長い文章は読むのも書くのも無理」などと口にする。ツイッターへの投稿は一四〇字以内、ＬＩＮＥでのコミュニケーションは言葉の代わりにスタンプ送信で事足りる。「長くて多くの情報」を敬遠するのは、彼らの感性に適っているのだろう。

「調べ物をするときは、まとめサイトで十分」、「わからないことは質問サイトで誰かに聞く」、「テレビのニュースより、仲間内のクチコミのほうが信じられる」、そんなふうに話す子どもも少なくない。情報の出所や信憑性、客観的事実などではなく、「友達の〇〇さんがこう言ってた」というほうが「説得力」を持って共有されるのだ。

忘れられる信憑性の確認

　情報では、その内容とともに「信憑性」の判断が不可欠だが、このうち時間の経過とともに消えるのは信憑性のほうだ。最初は怪しいと思う情報でも何度か接するうち、「一度試してみようか」などと心が動く。「スリーパー効果」と呼ばれるが、いつの間にか信憑性についての関心を忘れ、伝えられる内容だけを信じるようになる。「あの人気タレントが推薦したのだから間違いない」、「友達も成功しているから私も大丈夫」、そんなふうに思い込み、冷静に考えれば愚かと思われるような行為にも引き寄せられていく。

あらためて先の調査結果を取り上げると、特に若年世代では与えられる情報を受動的に受け取り、しかも短くて簡単な内容を好む。客観的に、あるいは主体的に判断するよりも、誰それが言ったなどというクチコミをもとにし、最初は「怪しい」と思っても次第に信じるようになる。

もとより判断力や社会経験に乏しい彼らならなおのこと、愚かと思われるような行為にも引き寄せられていくだろう。一方でそういう彼らは情報を拡散することに長け、仲間内で共有し、「みんなでやろう」と同調していく。しかもそういう関係性の中に、指導者たるおとなが介在することはほとんどない。

公的な規制や現実的な教育もなく、ある意味野放し状態のまま、彼らは今日もスマホを駆使しつづけるのだ。

子どもたちは「廃」へ誘われる

毎日何時間もゲームに没頭し、心身を壊していく少年。たかだか一〇〇円程度のＬＩＮＥスタンプ欲しさに、裸の写真を自撮りする小学生。ＪＫビジネスを「これも今の社会で、お金になる女の子の新しい仕事だ」と正当化する少女たち。

そうした状況に、私は「廃」への道を危惧する。彼ら自身の危うさもさることながら、その背後にある社会の問題、変容しつつある人々の意識に目を向けざるを得ない。

スマホは極めて利便性が高く、優れた操作性を持ち、私たちの日常生活に欠かせない機能を持っている。そのメリットは言うまでもなく、わずか数年の間に多くの恩恵がもたらされた。むろん個人にとどまらず、社会的な経済成長のけん引役ともなっている。

総務省は二〇一二年版の『情報通信白書』で、スマホやタブレットの普及がもたらす経済波及効果を推計した。端末市場の拡大、データ通信の利用増、ネット通販、音楽や映像配信、情報サービス、モバイル広告と幅広い分野で消費が刺激され、その経済効果は年間七・二兆円規模に達するという。

二〇一六年度の一般会計予算、いわゆる国家予算と照らし合わせてみると、歳出（支出）総額の約九六・七兆円のうち公共事業費が約六兆円。国が道路や橋や建物を作る費用より、スマホやタブレットによる経済規模のほうが大きい。手のひらサイズのスマホが、いかに社会的な影響を及ぼしているかは自明だろう。

個人にも社会にも恩恵となる一方で、スマホがもたらす変化やあらたな現象、問題点についてはさほど注視されていない。一部で「依存」は取り上げられているが、それも「長時間利用の影響」や「こんなタイプの人が依存する」といった趣旨で、個人的な問題のように扱われがちだ。

個人の性格や生活背景といった要因はあるだろうが、そもそも問題に陥りやすい仕掛けや誘導、情報操作はないだろうか。あくまでも私が取材した範囲だが、SNSにせよ、ゲームにせよ、これならのめり込んでも仕方ないと思えるような「廃」への道が構築されていた。

生活空間のそこかしこにあるスマホ関連の広告。学年LINEのシビアな選別。ソシャゲのチーム内で課せられるノルマ。誰かをいじめなければ自分がいじめられる閉鎖的つながり。「かわいい、お金をあげる」といったおとなの甘言――。

はじめやすいが、やめにくい。欲求や願望、ときに不安や競争心を刺激される。そういう現象のひとつひとつが、いつの間にか子どもたちを取り込み、「廃」へと誘ってはいないだろうか。

「想定外」では済まされない未来

「みんながやっている」、「みんなそう思ってる」、私たちはこんな情報に弱い。本当のところ自分はそんなふうに思っていなくても、「みんなと同じように思えない自分」が恥ずかしかったり、バカにされるような気がして容易に反論できない。

ＳＮＳやコミュニティサイト上では、「沈黙のらせん」現象が起きやすいと指摘されている。ドイツの政治学者エリザベート・ノエル＝ノイマンによって提唱された仮説だが、大きな声に同調する意見が集まると、まるで大勢がそう考えているような錯覚に陥り、反対が表明できなくなるというものだ。

情報の信憑性や正当性は軽視され、「人気がある」、「これが常識」、「乗り遅れるな」、そんな声自体が人気や常識を作り上げる。実際に人気があることよりも、人気があるという情報が人気を呼び、ますます人気になっていく。

年間七・二兆円もの経済波及効果を生むというスマホやタブレット、あるいはアプリやコンテンツ市場はまさしく大きな声だろう。SNSやコミュニティサイトで日々発信される膨大な人々の声もまた、とてつもなく大きな声だ。

小さなスマホの向こう側には、巨大な波のような情報と、それに関わる人々と、そこから生み出されるお金がある。恩恵の一方で、「不謹慎狩り」のような不寛容な空気、都合のいい情報ばかりが共有化される「沈黙のらせん」、そんな波には飲み込まれていないだろうか。

これから生まれる子どもたちは、誕生前からスマホで成長記録が管理される。電子母子手帳、妊活アプリ、授乳もしつけも専用アプリが用意されている。二〇年後、彼らがおとなになったとき、スマホはどんな幸せをもたらしているだろう。そこに「想定外」の事態が起きるのではないか、私は懸念を払しょくできずにいる。

大きく勇ましい声に同調が集まり、冷静な視点や客観的事実が軽視された結果、どんな悲劇が起きたか、歴史の数々が証明している。

過去は変えられないが、今と未来は変えられる。ならば今、私たちはスマホという名の文明の利器にどう向き合うのか、真摯に考えるべきだろう。

おわりに

本書の取材で各地を駆け回っていた昨秋、たまたまある本の存在を知った。『ママのスマホになりたい』（のぶみ著、WAVE出版）という絵本だ。

シンガポールの小学生が書いた作文をもとにしたというこの絵本は、主人公の男の子が「スマホばかり見ているママ」に自分を見てほしいと願うストーリー。スマホになればママに見てもらえる、だからスマホになりたいというせつない心は、そのまま今の日本の子どもたちに重なる気がした。

そして実際、取材を重ねるにつれ、たくさんの人が「スマホじゃなく僕を、私を見て」、そんな心の叫びを持っていた。何も幼い子に限った話ではない。中学生も、高校生も、おとなだってそうだ。

どっぷりとソシャゲにハマったり、何時間もSNSをつづけるような彼らは、一方で寂しく、閉塞感に苛まれている。現実の生活で「確かな何か」を見出せず、行く先もなく流れる時間を埋め合わせるかのごとくスマホを手にしていた。

言うまでもなく、スマホによってもたらされる世界にはたくさんの恩恵がある。それでも、幼い子に「ママのスマホになりたい」と言わせてしまうような現実が作られているとしたら、人々はますますその現実に寂しさを持ちはしないだろうか。

そうしていっそうスマホを手にしていき、確かな何かや、大切にすべき何かから、もっと遠ざかりはしないだろうか。

スマホやネットをテーマに取材をすると、特に一〇代の子どもたちと多く出会う。彼らは私と話をしながらも横目でスマホを見て、メッセージの着信音が鳴るたびに素早く返信する。その様子はすっかり条件反射で、ごくあたりまえの行為のように身に付いている。「一日何時間くらいスマホを使うの？」と聞くと、「わかんない、意識してない」、そんな答えが返ってくる。「一日三時間使ってたとしたら、一年で四五日だよ」と言う私に、「何それ？」と怪訝な顔をする。

一日三時間の利用を一年間で通算し、それを日数で割ると四五日になるのだと説明すると、「えっ？」と驚いたように目を見開く。一年三六五日のうち四五日、夏休みより長い時間を丸々スマホに費やしている、その事実に気づくからだろう。

同じ計算を、子どもを育てるお母さんやお父さんにもしてほしい。「一日三時間くらいならどうってことない」と思っても、一年で四五日、子どもはどれだけ成長するだろうか。

赤ちゃんなら寝返りが打てるようになったり、歯が生えたり、ヨチヨチ歩きができるようになるかもしれない。小学生なら漢字や九九を覚え、鉄棒で逆上がりをするかもしれない。

かけがえのないその時間をスマホで埋めてしまったら、「僕を、私を見て」という子どもを増やすだけだ。やがて彼らがおとなになったとき、どんな社会や、職場や、家庭を築けるのだろうか。

悲観したくないと思いつつ、私は少なからず危惧を抱いている。今ならまだ間に合う、そんな意識の一方で、あらたな現象が次々と生じる今に、あがないきれないような不安もまた覚えてしまう。

二〇一七年三月

石川結貴

石川結貴（いしかわ　ゆうき）

ジャーナリスト。家族・教育問題、青少年のインターネット利用、児童虐待などをテーマに取材。豊富な取材実績と現場感覚をもとに、出版のみならず新聞連載、テレビ出演、講演会など幅広く活動する。

ネットゲームに依存する主婦を追った『ネトゲ廃女』（リーダーズノート）、所在不明の子どもの実態に迫る『ルポ　居所不明児童―消えた子どもたち』（ちくま新書）などの話題作を発表。他著書に、『ルポ　子どもの無縁社会』（中公新書ラクレ）、『子どもとスマホ―おとなの知らない子どもの現実』（花伝社）など多数。

公式ホームページ　http://ishikawa-yuki.com/

文春新書

1126

スマホ廃人《はいじん》

2017年（平成29年）4月20日　第1刷発行

著　者　　石川結貴
発行者　　木俣正剛
発行所　株式会社　文藝春秋

〒102-8008　東京都千代田区紀尾井町3-23
電話（03）3265-1211（代表）

印刷所　　理想社
付物印刷　大日本印刷
製本所　　大口製本

定価はカバーに表示してあります。

万一、落丁・乱丁の場合は小社製作部宛お送り下さい。

送料小社負担でお取替え致します。


ISBN978-4-16-661126-3